DECONSTRUCT PACKAGE

Creation · Format · Structure · Craft

解构包装

创意 · 版式 · 结构 · 工艺

马赈辕 主编
许甲子 申大鹏 副主编

化学工业出版社

· 北京 ·

内容简介

本书以设计多元化发展趋势为背景，从创意、版式、结构、工艺等角度对包装设计进行解构，并结合前沿设计理念、经典案例，从定义、功能、分类等概念入手，详细介绍包装设计的流程方法、设计原则、创意原则、容器结构、印刷工艺等内容，涵盖了包装设计各要素，提出技术、材料、审美等多重因素融合共同构建现代包装设计的观点。本书除了对包装视觉信息设计进行了详细介绍外，还对包装的创意构思、容器结构、印刷工艺、制作材料等相关内容进行了案例剖析，突破了以往刻板的概念性阐述的形式，形成对包装设计立体的、多元的全新认识。

本书可供大专院校艺术设计、视觉传达等相关设计专业教学使用，也可供相关设计机构、设计师学习参考。

图书在版编目（CIP）数据

解构包装：创意·版式·结构·工艺／马赈辕主编. --
北京：化学工业出版社，2021.12
ISBN 978-7-122-40244-8

Ⅰ.①解…　Ⅱ.①马…　Ⅲ.①包装设计　Ⅳ.
①TB482

中国版本图书馆 CIP 数据核字（2021）第 224449 号

责任编辑：徐　娟　　　文字编辑：刘　璐　　　封面设计：许甲子
责任校对：宋　玮　　　装帧设计：对白设计

出版发行：化学工业出版社（北京市东城区青年湖南街 13 号　邮政编码 100011）
印　　装：北京瑞禾彩色印刷有限公司
787mm×1092mm　1/16　印张 9　字数 200 千字　2022 年 1 月北京第 1 版第 1 次印刷

购书咨询：010-64518888　　　售后服务：010-64518899
网　　址：http://www.cip.com.cn
凡购买本书，如有缺损质量问题，本社销售中心负责调换。

定　　价：68.00 元

前 言 PREFACE

　　科技的飞速发展、新型材料的广泛应用、知识产权等相关法规的完善，推动了包装产业的发展，包装设计市场也在这一变化中快速发展、繁荣起来。包装设计作为综合性、实践性较强的设计门类，其诞生与发展始终伴随着人类的生活。随着社会生产力的发展与历史的变迁，包装设计在新技术开发与新材料应用的推动下不断发展突破，形成了涵盖社会学、心理学、材料学、品牌学、符号学、设计学、信息技术科学等诸多学科内容的综合性设计类型。对于包装设计师来说，不仅要科学合理地处理包装设计视觉信息方面的内容，还要对包装的结构、材料与工艺具有较好的理解与掌握，这样才能设计出符合时代特色、契合市场需要、满足人们需求的包装设计作品。

　　本书从当下视域维度考量，旨在探索现代包装设计在创意、版式、结构、工艺等层面的发展与特色，详实地介绍了包装设计的工作流程、设计方法、版式特点、结构工艺等内容，具有明显的跨学科性与创新性。具体来讲，本书有三个特点：一是完整性，本书知识结构完整，涵盖包装设计整个过程，从前期的创意构思、设计流程到后期的印刷工艺均有涉猎，同时不仅有包装设计课程，还涉及文字、版式、方法、创意、结构、印刷、工艺等领域，并用生动有趣的案例来阐述原理；二是实践性，本书将包装设计的知识点进行优化筛选，紧贴时代的需求与实践的需要，着重在实践应用层面讲授包装设计的相关知识，介绍设计实践中的实际操作顺序与关键点，同时注重知识点的延伸，将相应知识点对照案例，并结合实际案例进行点评；三是时代性，本书选择近年来国内外的大量优秀包装设计作品作为案例，内容独特新颖，紧跟时代前沿。

　　本书由马赈辕担任主编，许甲子、申大鹏担任副主编，盖玉强、杨晨、李铭媛、宁英吉、王鹏、孙有强、李翔等参与资料搜集、整理与编写等工作。其中第1章、第2章由许甲子、申大鹏、盖玉强编写，第3章由马赈辕、许甲子编写，第4章由许甲子、李铭媛编写，第5章、第6章由马赈辕、申大鹏、杨晨编写。由于编者学识与精力有限，对包装设计的研究仍然在探索阶段，本书尚存在疏漏与表达未尽之处，敬请同行专家和广大读者予以批评指正。

马赈辕

2021年3月

目 录 CONTENTS

第**①**章
包装设计概述

知识点 包装的释义、包装的渊源及发展、包装的分类、包装的功能

目标 熟悉包装的释义，了解包装的历史发展，掌握包装的分类及功能。

　　如今包装设计已经成为现代人们生活中不可或缺的组成部分，人们的吃穿住用行都伴随着包装设计的影子，可以说包装设计是现代经济生活的缩影，涉及品牌理念、产品特色、功能诉求、材料技术、印刷工艺、交通运输、展示陈列等多个因素，深深地烙上了时代的印记符号，成为人们生活消费、精神文化活动的重要参照标准。

1.1 包装的释义

对于包装的理解可以单纯从字面意思来解读，"包"字有包藏、包裹、收纳的含义，"装"字主要意在装饰、装扮和美化，"包装"一般解释为"指盛装和保护产品的容器"。中华人民共和国国家标准《包装术语》（GB/T 4122.1—2008）对包装做出了解释："为在流通过程中保护产品、方便贮运、促进销售，按一定技术方法而采用的容器、材料及辅助物等的总体名称。也指为了达到上述目的而采用容器、材料和辅助物的过程中施加一定技术方法等的操作活动。"可以明确看出，这一解释明确了包装的内涵、过程与目的，"包装"一词同时具有动词与名词两种属性：动词属性是指通过设计对商品进行包裹、盛装、计量等的技术手段，侧重于包装的整个活动过程；名词属性主要是指包裹、盛装、保护商品的容器造型，以及辅助性材质设计，既表达了包装的结果与状态，还概括了产品包装的内涵，是对现代包装的准确解释（图1-1）。

图1-1　Solcare 包装 | 西班牙

包装作为与人们生活密切相关的设计形态，有着明显的时代特征与文化特色。对于包装的理解应该结合时代语境来解读。在原始社会包装多用于生活用品的盛放、包裹、储藏等方面，而到了手工业时代包装则多呈现出服务于人们生活的经济形态，多用于保存、运输、标志等方面，随着工业革命的推进，包装得以大批量生产以适应现代经济生活的需要，在实用功能的基础上还要具备一定的审美功能。总之，包装的释义随着历史的演进呈现出时代的特征（图1-2）。

图1-2　CUATRO ALMAS 酒包装 | 西班牙

　　不难看出现代生活中的包装设计，不再仅仅是包裹装饰的含义，而是在考虑功能层面保护商品、便于运输与计量的同时，在视觉层面对包装进行科学合理的视觉规划与设计，形成鲜明的视觉特色，从而将商品的信息有效传递给消费者，满足消费者视觉上的审美需求，进而促进商品的销售，同时我们还要充分考量包装材料的绿色环保与可持续性（图1-3）。

图1-3　Rethink Reusable 环保袋包装丨新西兰

1.2 包装的渊源及发展

在包装的发展过程中，人们对于包装的认识与理解也是随着历史的发展逐渐深化的。从人类有意识地自主生产劳动开始，包装便伴随着人类的生产活动而产生。纵观人类社会历史的进程，生产力的发展、社会的变革、科技的进步以及生活方式的改变，都对包装的定义、功能、分类、形态产生了巨大的影响。这里我们对包装的渊源与历史发展的探究，根据时代以及生产力状态的不同划分为：原始社会包装设计的萌芽、手工业时期包装设计的成长、工业时期包装设计的发展、信息时代包装设计的变革。

◎ 1.2.1 原始社会包装设计的萌芽

原始社会作为人类发展历史上的第一个社会形态，存在了二三百万年，历经旧石器、新石器等时代，是目前人类历史上最长的一个社会发展阶段。生产力极其低下是原始社会发展缓慢的根本原因，虽然人们对于自然的认知水平低下，知识、技能等经验储备还相对贫弱，但已经开始初步创造、使用包装了。当然这一时期的包装与现代包装的含义与功能是有区别的，仅仅是满足人们生存的需求，我们可以将原始社会看作是包装设计的萌芽时期。萌芽时期的包装设计主要表现在人类凭借本能从自然界中获取生存所必需的生活材料，并将这种生活材料进行简单的加工，但不能使用工具进行大规模制造。在漫长的萌芽时期，随着人类对自然认知的积累，逐渐学会了利用植物的茎叶、动物的皮毛、果实的外壳等天然材料进行简单盛装、包裹、捆扎，其中很多包装方式沿用至今。从严格意义来说，此时的"包装"并不具备完整的包装的含义与特点，而是作为包装设计的萌芽在人们日常生活实用器物中孕育生长，满足人们的盛放、取用、运输等基本功能，材料也大多就地取材，使用天然材料，并加以简单的手工制作，工艺形态较为简单，形式功能也较为单一。

随着生产力的发展，火逐渐普及起来，人们发现经过煅烧后的陶土质地坚硬，并且易于制作成型，满足人们日常生活需求的陶器便应运而生了。陶器作为原始时期包装的主要器物类型，代表着包装材料从纯粹自然之物向人为之物的转变，并且已经开始根据人们的审美进行装饰的表达，包含了原始时期人类的审美欲望与冲动，充分反映了人们对造型美和形式美的探索与追求。如马家窑文化的代表舞蹈纹彩陶盆（图1-4），1973年出土于青海省大通县上孙家寨遗址，高约14cm，盆口直径29cm，盆底直径10cm。盆体内壁中部绘有四道平行带纹，盆口沿处一并绘制一条带纹，上下两组纹饰间有三组舞蹈纹，每组之间用内向弧线、柳叶宽线条进行装饰。每组舞蹈纹为五人，手拉手，面向一致，头上有辫发，外侧的两人的一臂均为两道线，似为表示舞蹈动作之意。整个彩陶纹饰线条流畅统一，人物形象生动、逼真，描绘了人们在水边点燃篝火载歌载舞的场景，用舞蹈来庆祝丰收，欢庆胜利，祈求上苍或祭祀祖先，表达了当时人们强烈的审美意愿。

总体来看，原始社会属于包装设计的萌芽时期，包装的种类大多集中在生活器皿，作用也大多局限于产品的盛装、保护功能。同时由于原始时期人类对于技能、知识、审美积累的贫乏，包装形态多以自然形态为主，且生产效率低下，规格与形制偶发性比较强，但原始时期包装中的朴素风格与造物智慧对现代包装设计起到了积极的借鉴作用。

◎ 1.2.2 手工业时期包装设计的成长

手工业时期的时间定位是以金属冶炼技术的出现为

图1-4　舞蹈纹彩陶盆 | 新石器时代晚期
　　　　中国

开端，以工业革命的兴起为结束，在西方大约从公元前3000年至17世纪，在中国则可以追溯到公元前21世纪的夏朝，直至19世纪中期为止，时间跨度较大。在手工业时期，随着生产力与生产技术不断发展，商品逐渐成为人们日常生活中不可或缺的部分，同时意味着人们对包装的需求也大大增加。随着手工业技术与规模的不断发展，商品已经深度融入生活的方方面面，生产的环节与分工愈加细密，专门从事造物生产的手工业者纷纷出现，经济生活中的商品较之原始萌芽时期有了极大的丰富，用于盛装、保护、储运商品的包装逐渐兴盛起来。

在手工业时期，随着采矿冶炼技术的发展成熟，金属逐渐成为常用的材料。早在新石器时代晚期，人们便掌握了青铜器的冶炼、锻造技术，至商代青铜器作为礼器开始大规模使用，多为奴隶主和王公贵族们奢华生活用到的各种器物。东周后期，青铜器才逐渐脱掉"礼法"的外衣，走入人们的日常生活。春秋时期，勤劳的匠人们发明了失蜡法铸造纹饰繁复、造型复杂的青铜器，如盛放饭食的器具就有簋、簠、盨、豆等，酒器有爵、觚、觯、尊、爵、杯、舟，这些青铜器充分体现了中国古代人民对制造工艺和装饰美学法则的掌握。盨在奴隶社会是用来盛装黍、稷的礼器，由簋演变而来，西周中后期开始流行。遂公盨（图1-5）呈圆角矩形，器口沿部下方装饰鸟纹，腹部装饰起伏瓦纹，内底篆刻铭文，明确记录大禹治水的事迹。

图1-5 遂公盨｜西周 中国

1965年武汉汉阳纱帽山出土的酒器天兽御尊（图1-6），整个造型上半呈喇叭敞口状，长颈，腹部略有凸起，造型精美，纹饰更是细腻讲究，其纹饰分为三重，雷纹作为底纹，颈部装饰蕉叶纹，下部装饰方夔纹，腹部及圈足上各有两组兽面纹，这两组兽面纹饰立于雷纹之上更显狰狞威严。圈足内铸铭文三字"天兽御"。我们可以看出，这一时期的盛装器，既具有储存、盛放、运输等实用功能，还通过狞厉的纹饰图案表现出了特定

图1-6 天兽御尊｜西周 中国

的审美属性。

以漆器作为材料制作的包装同样有着非常悠久的历史，1970年在浙江余姚河姆渡遗址考古发掘中，发现了距今7000年左右的木胎漆器。中国传统漆器包装多以竹、木等材质为内胎，然后在胎体上逐次多层施漆。天然材料制作的漆器具有很好的防水、防潮性能，又具有较强的耐腐蚀性。漆器包装容器的出现极大地丰富了手工业时代包装的品类，早在战国、秦汉时期，漆器便以质量轻、性能好、造型美等特点成为当时最受人们欢迎的包装容器之一。1978年湖北随县曾侯乙墓出土的彩漆鸳鸯盒（图1-7），代表着传统手工业时期漆器制作工艺的最高水平。通体长20.1cm，宽12.5cm，高16.5cm，器身雕刻成鸳鸯身体的形状，鸳鸯的头部与身体采用榫卯结构，可以360°旋转，鸳鸯的尾部平伸，翅膀微微上翘，双足作蜷卧状，形象十分生动。器物表面用红漆描绘出羽毛的纹饰。彩漆鸳鸯盒造型独特，线条流畅，图案纹饰绘制惟妙惟肖，整体的装饰审美作用远超于器物的实用功能。

图1-7 彩漆鸳鸯盒 | 战国 中国

1972年长沙马王堆汉墓出土的西汉双层九子奁（图1-8），成为漆器作为包装器皿的典型代表。器身胎体轻薄，器物边沿位置镶嵌金银，既增加了容器的强度，同时又为造型增添了富丽、华美的视感，在容器内部空间有巧妙的分割，既节省空间，又使整个器身美观实用，堪称漆器中的精品。漆器作为包装器皿的典型代表，在造物历史上经久不衰，发展到后期出现了剔红、剔犀、镶嵌等工艺，装饰越发繁复精细。

图1-8 双层九子奁 | 西汉 中国

东汉蔡伦总结前人经验革新了造纸的技术，以树皮、麻布、渔网等为原料发明了"蔡候纸"，具有坚实耐用、成本低廉的特点，促进了纸张作为包装材料的发展。隋唐时期雕版刊印佛经盛行，在敦煌发现的公元868年刻印的《金刚经》（图1-9），版面规范、图文并茂、印刷精美，充分体现了印刷与版面设计的工艺。至北宋年间，

图1-9 公元868年刻印《金刚经》| 唐中国

毕昇发明活字印刷术，推动了印刷应用于包装设计中，如在包装纸上印上商号、宣传语和吉祥图案等，增强了包装信息传播的功能，大规模应用于当时的茶叶、食品、中药等包装。我国现存最早的印刷包装为济南刘家功夫针铺的标识（图1-10），采用图文结合的形式，将经营范围与服务宗旨等文字高度概括，图形概括凝练，已经具备了现代包装设计的基本特征，体现出了一定的促销功能。由于纸张材料成本低廉、便于印刷、成型容易，在手工业时期作为包装的材料应用更加广泛，同时逐渐丰富了纸张类型与加工工艺。时至今日，纸张已经成为现代包装设计中的主要材料。

图1-10　刘家功夫针铺印记｜北宋中国

瓷器也是手工业时期有代表性的包装形式之一。作为原始时期陶器的延伸，瓷器历经多个朝代的发展逐渐成为中国造物史上最具代表性的器物类型，具有质地细腻、性能稳定、密封性好、不易挥发、工艺造型多样、成本较低等特点，成为手工业时期包装设计的重要使用材料。据考古发现，早在殷商时期就已经出现瓷器，历经西周、春秋战国、东汉多个朝代的发展变化，无论是瓷器的造型还是功能都已日臻成熟，后历经唐、宋、元、明、清各朝代的不断更新发展，逐渐成为中华文明典型的器物代表，同时也成为这一时期包装的主要容器类型。时至今日，瓷器仍然是最具有中国民族传统风格的包装形式之一，常应用于酒类、中药类、茶叶类产品的包装，古朴典雅，具有较强的民族文化特征（图1-11、图1-12）。

图1-11　白釉盖罐｜北宋　中国

除此之外，中国古代劳动人民在长期的生产生活中，善于从自然中就地取材，竹、木、草、叶等植物材料逐渐成为普通百姓喜爱使用的包装材料。比如人们在端午节会制作粽子以纪念爱国诗人屈原。粽子（图1-13）就是人们使用天然材料进行包装的典型代表，用自然生长的粽子叶包裹糯米，并使用植物的藤进行捆扎，受到广大人民的喜爱并沿用至今。中国古典文学名著《水浒传》拳打镇关西章节中，描写了屠夫镇关西用荷叶来包

图1-12　陶制茶叶罐｜中国

图1-13　使用粽叶制作的粽子包装｜中国

装切好的肉馅，可见在当时荷叶是运输、计量、保存、包装食物的常用材料。此外竹、木作为包装材料同样有着悠久的历史，汉字中的篓、篮、箪、箧等均指各种各样的竹编器皿，用竹编容器进行运输包装盛行于宋朝，同时丝绸、麻、木、皮革等也常被用作包装材料。

在传统手工业时代，包装设计实现了从日常盛装器向具有商业意义的独立包装转变，使手工业时期的包装设计具有了现代包装设计的意味。中国古代劳动人民将所掌握的知识运用到包装设计，在包装材料、造型装饰、形态结构、加工工艺等方面，逐步形成了明显的文化特点与风格，不仅满足了包装的功能诉求，还形成了符合人们精神需求的纹饰图案。传统手工匠人在包装设计活动中追求形式与功能完美统一，充分体现了"形神兼备"的中国传统哲学审美思想，对于今天的包装设计具有重要的启迪与借鉴作用。

◎ 1.2.3 工业时期包装设计的发展

工业时期作为人类历史上生产力飞跃发展的阶段，发端于18世纪60年代的英国，首先在棉纺织业中新兴的机器取代人工，后扩展到其他行业门类。工业化的大生产成为该时期最为典型的特征，同时机器生产的广泛应用，极大地推动了人类生产力的发展，进而促进现代商品经济模式的快速形成。伴随商品批量化的机器生产制造，包装设计的作用与效果在商品竞争中愈加明显，与此同时生产力的发展，科技的日新月异，包装领域的新材料、新技术、新观念层出不穷，推动包装设计工业化制造体系的日趋完善，逐步形成现代包装的概念。

关于包装设计的材料，根据人们对商品包装功能的需求进行开发应用，具有防水、防潮、防震、抗压等特殊性能的包装材料不断出现，如塑料（图1-14）、亚克力、瓦楞纸（图1-15）、铝制品（图1-16）等在包装

图1-14 使用塑料制作的包装容器

图1-15 瓦楞纸

图1-16 百事可乐易拉罐包装 | 爱尔兰

设计中广泛应用，人造材料占据了包装设计材料的主要地位，同时传统材料经过不断演变发展，都极大丰富了包装的形式。1871年美国人琼斯发明的瓦楞纸，具有质量轻、成本低、保护性能好、容易加工成型的特点，一经出现便成为包装设计的主要材料。1903年铝制易拉罐诞生，由于铝制品包装具有柔软性好、质量轻、光泽度好、使用方便、成本低廉等特性，许多日用品和食品都开始采用铝制软管作包装，如牙膏、胶水、鞋油、酱、奶酪、炼乳等。

同时工业印刷、材料粘贴、真空塑封、一体成型、智能包装等新技术都为包装设计带来了革命性的变化。1936年塑料热成型技术广泛应用于食品类包装，后来结合真空技术，通过包装大大延长了肉类食品的保质期。凭借其成本低廉、不易碎等优势，逐渐取代了许多玻璃瓶包装，原先的金属可挤压软管也逐渐被塑料软管取代。1929年出现的喷雾压力技术于1940年应用在包装技术上并取得了成功。

随着科技的进步，商品的流通手段与渠道也有了巨大的发展，从工业革命早期的远洋运输、铁路运输，到后期的公路运输、航空运输，使商品流通的范围扩展到世界的各个角落。在这样的发展情况下，包装设计配合商品流通的需要以及销售方式的变化逐渐产业化。例如中国的茶叶通过海洋运输到达世界各地，立刻成为广受欢迎的饮品。同时借鉴其他商品分装便于销售的经验，将茶叶按照不同的质量进行分装，在包装上突出商标、产地，并且使用显眼广告语，实现了通过包装设计方便消费者购买、树立良好品牌形象的目的。

伴随着商品经济的飞速发展，人们的文化消费、审美认知也极大地促进了包装设计的发展。工业革命改变了人类生产、生活的方式，传统的手工业被机器大生产所替代，与此同时人们在文化、消费、审美上也完全区别于手工业时期，人们对包装设计的需求也不仅仅局限于保护、运输的功能，审美感受成为人们购买商品的决定性因素之一，商家开始将包装设计的视觉审美作为商品促销的手段，人类开始进入了"消费时代"。同时随着交通运输业的发展、商品经营展陈模式的创新、信息交流的频繁，商品之间的竞争更加激烈，包装设计在商品营销中的作用越来越明显（图1-17）。

工业革命后期，机械在包装领域的应用促进了标准化和规范化的形成，各国相继制定了包装的工业标准，以便于包装在生产流通各环节的操作，在各工业化国家已发展成集材料、机械、生产和设计于一体的包装产业，并逐渐成为重要的经济支柱产业，在国民经济中所占的比重仍在逐年增加。

图 1-17　DAY & NIGHT 食品包装 | 亚美尼亚

◎ 1.2.4　信息时代包装设计的变革

随着计算机的出现和普及，信息的影响逐步提高到一个绝对重要的地位。在计算机技术飞速发展与互联网全面普及的当下，信息时代已经悄然到来。包装设计也深受信息技术的影响与制约。新的营销观念、宣传媒介、材料技术的不断更新，使包装设计面临着前所未有的发

展机遇与挑战。人们对包装信息的获取不仅可以通过包
装实物获取，更多的是通过网络信息来解读包装设计，
如何正确处理包装设计的信息表现成为当今包装设计的
一个重要内容。例如，通过二维码的图像识别技术，我
们可以轻易获得产品、包装的大量相关信息，从感知层
面帮助消费者精准认识产品，同时随着网络电商平台购
物的兴起，可以有效减少资源的浪费。

在信息时代，产品不仅要在信息的健全与规范上下
足功夫，还要确保产品包装实物化的审美展现，同时还
要考虑国家、企业、市场、网络等相应因素，统一步调，
协同发展。总而言之，在信息时代背景下，人们的消费
观念与生活方式已经发生了深刻的变革，包装设计这一
具有悠久历史的产业也随时代发展而增添了新的含义
（图1-18）。

图 1-18　BOLD WIN 酒包装 |
　　　　亚美尼亚

1.3 包装的分类

包装与人们的日常生活密切相关，有着众多的类型与形式，所以明确包装的分类是进行包装设计的必要前提。可以从不同角度对包装进行分类，如产品内容、包装功能、包装形态、包装材料、包装技术、包装风格等方面。

◎ 1.3.1 按产品内容分类

图 1-19 BIB TUCKER 威士忌酒包装 | 美国

将包装按照所盛装、包裹产品的属性不同进行划分，可以分为食品包装、酒类包装、饮料包装、药品包装、玩具包装、五金包装、纺织品包装、日用品包装、电子产品包装、文化用品包装等等。因为每种包装类型所针对的产品属性不同，所以包装需要将有效传达商品属性与文化特点作为表现的切入点，无论是材质选择、容器造型，还是视觉表现都应以此为目的，尤其是直接接触产品的包装最为典型。如酒类包装往往选择玻璃、陶瓷等密闭性能好、造型特点显著的材料，通过容器的造型、结构与特点化的视觉信息设计，凸显出产品的性质特点，如 BIB TUCKER 威士忌酒包装（图1-19）在包装材料上选择玻璃材质，为突出产品形象特点，将产品信息与容器结构结合在一起，形成材质结构视觉感较强的包装设计。产品为液体状态的饮料类包装，考虑到成本及产品的特性，往往选择透明的PVC（聚氯乙烯）材料，具有成本低廉、性能稳定、防止物理撞击、便于运输等特点，其造型在整体上多为柱状形态，在局部上结构、曲线变化较多，往往呈现视觉识别性较强的形态（图1-20）。

图 1-20   KUM 矿泉水包装 | 美国

◎ 1.3.2　按包装功能分类

包装按照其功能用途的不同进行划分，可以分为销售包装、储运包装、特殊用品包装等类型。

销售包装又称为商业包装，主要是指在卖场直接面向消费者并产生经济效益的包装类型，可以分为礼品性包装、经济性包装、促销性包装、地域性包装等。礼品性包装是指作为礼品进行赠送的包装类型，礼品性包装造型与材料都比较富有变化，形式与结构较为复杂，能够满足不同人群的需求，具有较高的经济价值（图1-21）；经济性包装是指在材料与技术上选择降低成本的方式进行的包装设计，其目的是降低包装成本，满足企业成本需求（图1-22）；促销性包装是指在包装的形式上采用特殊宣传内容和视点，引起消费者的注意，通常需配合相应的促销手段（图1-23）；地域性包装是指因为商品销售地域存在差异，而采用有针对性的设计语言和表现形式（图1-24）。

图1-21　Karuizawa 轻井泽 1965 威士忌酒包装｜美国

图1-22　Caparaki 白兰地包装｜希腊

图 1-23　Garofalo 食品包装 | 意大利

图 1-24　ABSOLUT 酒包装 | 印度

储运包装则是指以商品的仓储或运输为目的的包装
形式，在商品于生产厂家与经销商、卖场之间流通时起
到保护产品、减少损坏、便于计量等作用，如图 1-25
所示。其中纸箱储运在商品运输存放过程中，可保护商
品，增加商品识别功能；木结构储运在商品运输存放过
程中，置于商品底部，起到防潮、抗震等作用。

特殊用品包装是指对特殊用品的包装设计，比如军
需用品包装、消防用品包装等。

（a）纸箱储运包装

（b）木结构储运包装一

（c）木结构储运包装二

图 1-25　储运包装类型

◎ 1.3.3 按包装形态分类

按照包装与产品接触的方式，包装可分为个包装、中包装、大包装。

个包装也称为内包装、小包装，主要是指直接与产品接触的包装类型，也是现代商业包装设计的主要内容，是通过容器与视觉的设计包裹产品的商品形态。个包装是产品走向市场的第一道保护层，与消费者最直接接触的就是陈列在超市卖场货架上各种琳琅满目的商品包装。个包装具有很好的视觉性，能够引起消费者的消费共鸣，有利于商品的保护、计量，同时消费者购买时还方便携带（图1-26）。

中包装是相对个包装而言，主要指为了增强保护、便于计数而对商品个包装进行组装或套装的设计（图1-27）。

大包装也称外包装、运输包装，主要作用是保证商品在运输过程中的安全，并且便于装卸与计数的大型包装。此类包装的设计比较简单，材料选择较为单一，一般标明产品的型号、规格、尺寸、颜色、数量、出厂日期，再加上小心轻放、防潮、防火、承重等特殊符号（图1-28）。

图1-26　SANTAFE 红酒包装｜亚美尼亚

图1-27　EXPLORE 茶叶包装｜波兰

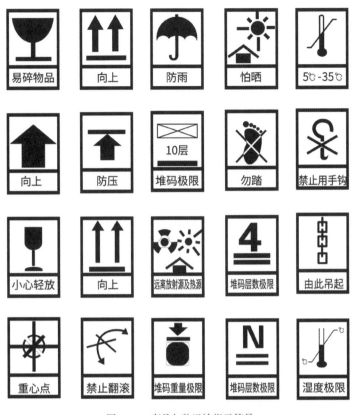

图 1-28 商品包装运输指示符号

◎ 1.3.4 按包装材料分类

按照包装设计所使用材料的不同进行分类，包装可以分为纸质包装、金属包装、木质包装、塑料包装、玻璃包装、陶瓷包装、纤维包装、天然材料包装、复合材料包装等。随着科技的不断发展，包装材料在不断更新，同时也更加环保。例如 Ball 厨房用具包装设计（图 1-29），主要是针对家庭厨房用具的包装设计，因此在包装材料上注重材料的性价比与绿色环保，使用瓦楞纸折叠纸盒与印刷纸张相结合的方式，瓦楞纸盒上采用单色印刷，简洁明快同时降低成本，在瓦楞纸盒外套装彩色印刷纸张，使产品的性能与特点通过色彩直接传达出来，给消费者以安全舒适的心理感受，同时材质的变化使包装富有时代感，让整体风格更加统一。

　　伴随着经济的快速发展，环境问题已经成为人类共同面对的难题，人们在包装设计领域也开始思考环境保护、生态文明的问题，因此环保材料在包装设计中的使用愈来愈多。比如人们已经开发出利用胡萝卜、土豆为原材料加工制作的淀粉纸张，许多印刷品开始采用无毒害的大豆油墨等。如现代印刷中多采用具有FSC（Forest Stewardship Council，森林管理委员会）认证的纸张进行印刷，FSC是独立的、非营利性的非政府组织，其使命是通过制定受到广泛认可的森林经营原则和标准，促进世界范围内对环境负责、对社会有利和经济上可行的森林经营，目前很多厂商也默认使用具有该认证标志（图1-30）的纸张进行包装设计，以保护地球。

图1-29　Ball 厨房用具包装 | 美国

图1-30　FSC（Forest Stewardship Council）认证标志

图 1-31　ol lab 洗发香波包装｜韩国

图 1-32　Akull 化妆品包装｜加拿大

◎ 1.3.5　按包装技术分类

按照商品包装技术，包装可分为防水包装、防震包装、喷雾包装、真空包装、压缩包装、软包装等。例如目前市场上的杀虫剂、香水、发胶、洗发水多采用压力包装（图1-31），饮料大多采用塑料瓶装或软包装，肉类制品多使用真空、塑料包装，电池等商品多采用吸塑包装等。这些包装技术的不断产生与革新，反映了包装材料和加工工艺的不断进步。

◎ 1.3.6　按包装风格分类

按照商品包装风格和表现的不同，可以划分为传统包装、现代包装、简约包装、卡通包装、绿色包装等，其共同的特点是包装设计的形态与风格均以视觉方式进行呈现，将文字、图像、色彩进行有效编排，形成不同包装设计风格。例如Akull化妆品包装设计（图1-32）采用现代设计的理念，以简约、纯粹为核心创意点，采用单纯有力的字体组合，结合简洁富有特点的造型，形成自然、生态、纯粹的现代包装风格。

总体来看，包装分类的细化，不仅反映了时代发展背景下社会分工的专业化程度，同时也反映了包装设计的发展与进步。

1.4 包装的功能

包装通常是以单件商品为单位进行设计的，具有明确的功能性诉求。通过前面对包装释义的分析及历史发展的梳理，我们可以将包装的功能分为三个方面，即保护功能、生理功能和心理功能。

◎ 1.4.1 保护功能

包装的保护功能主要体现在避免商品在运输过程中受到外力作用而损坏，这也是包装设计最根本的功能诉求。任何一件商品都要经过生产制造、装卸运输、陈列销售等诸多环节，才能与消费者见面。而在这个过程中，诸多外在因素如运输、展陈、碰撞、温度、湿度、光线等，都会对商品造成不同程度的影响，为了确保商品完好地到达消费者手中，所以包装设计首先就要考虑的是保护商品不受外力的损坏。

包装对商品的保护可以分为物理防护、化学防护、生物防护、特殊防护等。物理防护主要是指保护商品在运输过程中减少损坏，比如玻璃包装、酒水包装等产品运输就需要特殊的包装设计处理。化学防护主要是指在运输过程中保持商品化学成分性能的稳定，避免商品的挥发、腐蚀、污染、变质，比如香水、药品、化妆品的包装设计，就需要充分考虑到商品的特殊化学性能，再如速冻肉制品、奶制品、食品的包装，在材料选择与制作工艺上要充分考虑到光照、水分、温度、湿度等环境的变化。生物防护主要是指避免商品受到细菌、病毒、昆虫、动物的破坏，同时还要保持商品的新鲜度，比如大多数的医疗用品、药品、试剂为避免生物感染，都有严格科学的防护包装（图1-33）。特殊防护主要是保持

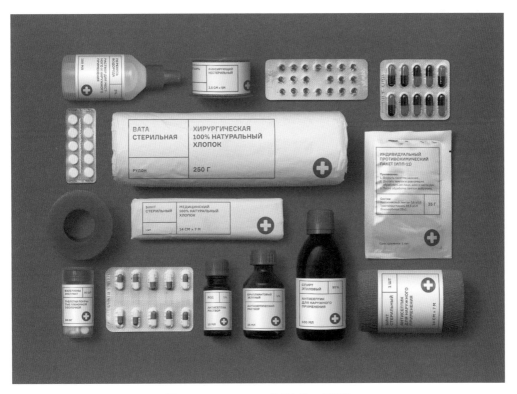

图 1-33　My Pharmacy 药品包装丨俄罗斯

商品的生物活性，比如新鲜蔬菜、肉类、花卉的包装需要抑制细菌繁殖的速度等。

◎ 1.4.2　生理功能

生理功能属于对包装的基本要求，主要体现在包装结构、材质、工艺等层面的安全性与易用性上，应该具有符合人体工程学的结构。现代包装设计以更加方便消费者使用、收藏、携带为方向，在设计层面应该是从消费者作为"人"的角度出发来设计，比如包装的开启方式是其设计的重要部分，大部分包装采用易开启的结构，包括常见的易拉罐、易开瓶、易开盒等，开启方式有拉环、拉片、按钮等多种，常见的有扭断式、卷开式、撕开式、拉链式等（图1-34），不同的结构与开合方式都是为了满足人们使用时的便捷与科学。

图 1-34　现代纸盒包装的易开结构形式

包装的生理功能还体现在包装设计的视觉层面，通过对文字、图形、色彩的科学规划，确保商品视觉形象的突出，商品内涵品质的体现，从视觉上给消费者以视觉享受。一个优秀的包装设计应该是从人的角度出发，侧重人的使用感受，拉近商品与消费者的距离，增加消费者与企业之间的沟通。不难看出，基于便利性的包装设计能够给消费者带来使用上的方便，并给消费者留下良好的印象。

HRUM & HRUM 是俄罗斯著名的坚果品牌（图1-35），坚果是松鼠们的最爱，而松鼠习惯将收集的新鲜坚果放入口腔中，然后运到自己的洞穴储存，该系列包装的设计创意点也恰恰在此。设计师巧妙地将松鼠头像与布袋结合，当布袋装满坚果后，就像一只嘴巴塞满坚果的松鼠，看上去非常生动可爱，作为包装创意十足，让人总想拿在手里把玩一番。

图 1-35　HRUM & HRUM 坚果包装｜俄罗斯

◎ 1.4.3　心理功能

包装的心理功能主要体现在商品的促销上。在信息社会，商品的竞争更加激烈，为了促进商品的销售，商家对包装设计的要求更侧重于促进商品的销售与形象的提升。现在走进任何一家超市，琳琅满目的商品映入眼帘，让人难以抉择。要想让商品从众多的同性质商品中脱颖而出，包装设计就要符合消费者的心理需求，赋予消费者精神上的享受，起到增加商品附加值的作用。包装设计不仅传递商品的视觉信息，还要从审美角度上美化产品视觉感知，吸引消费者的注意力。例如GOOD TONE 酒包装（图1-36）在容器造型设计上改变了以往酒类包装的流线造型，将瓶身结构附加手握瓶子的凹形，不仅丰富了包装的视觉形态，还可以从使用功能层面体现人性化的因素，给消费者带来亲切、舒适的感觉。

图 1-36　GOOD TONE 酒包装｜乌克兰

1.5 案例分析

◎ 1.5.1 GINRAW 杜松子酒包装设计

设计：Seriesnemo

完成时间：2016 年

图 1-37　GINRAW 杜松子酒包装 | 西班牙

GINRAW杜松子酒产自西班牙巴塞罗那，以西班牙新鲜植物为原料精心制作，采用独特的低温蒸馏技术酿造而成，以保持新鲜植物手段的芳香，别具特色。

在GINRAW杜松子酒的包装设计方面，设计师通过以下方法表现出强烈的地域特色与精神意味（图1-37）。首先，瓶体容器的材质选用玻璃，并对同一瓶体结构采用透明、磨砂两种玻璃加工工艺，同时通过与木材、金属、纸张等的材质搭配对比，清晰准确地传达了产品新鲜、纯净的口味特点；其次，在容器的造型上，采用常规瓶身结构，在瓶颈与瓶盖的结构处理上采用建筑式的处理方式，加大瓶盖的结构，在瓶颈部结合纸质标签，充分让人感觉到巴塞罗那的精神风貌，表达出温暖和传统的巴塞罗那生活方式；再次，包装的主色彩选择具有视觉温度的黄色，让消费者联想到地中海怡人的阳光，同时暗含当地热情好客的人文氛围，给人以温暖、自然、友好、活力的视觉感受；最后，在包装的视觉信息设计梳理上，为突出品牌形象以品牌标志作为包装的主体视觉形象，并采用常规的横排与竖排相结合的设计方式展现视觉信息，在瓶身、瓶颈、瓶盖等位置将视觉信息进行有序的组合设计。

◎ 1.5.2 CORPHES 有机产品包装设计

设计：Luminous Design

完成时间：2017 年

CORPHES 公司以生产草药、香料、茶叶等有机植物产品为主，产品原料来自希腊高海拔地区，天然种植，手工采摘，严格分类后通过消毒处理，增加了产品有机特性的持续时间与强度，为消费者提供最为新鲜的草药和香料。

CORPHES 有机产品（图 1-38）具有高海拔、纯天然的特性，因此设计师在包装设计上将产地海拔特色作为包装设计的创意点，包装设计的所有元素都围绕"海拔"这个概念来展开。纸盒结构采用三角形的空间构造，与产品的山地特征相吻合，在概念上与创意原点相呼应。同时通过图形与文字的排列，再次强化了"高海拔"的地域特色，图形将产品地域特色抽象处理，并将图形山峰局部予以镂空处理，将纸盒内的材质与颜色直接展现出来，而文字组合以反白的形式放于包装的最顶端，赋予其高度概念进而创造强烈的视觉效果。整体包装视觉完整，造型别致，具有较好的组合陈列效果，很好地体现了包装的创意点。

图 1-38　CORPHES 有机产品包装 ｜ 希腊

思考题

◎ 传统包装与现代包装的含义有哪些差别？

◎ 包装与人类社会有什么关系？

◎ 包装的分类特点有哪些？

◎ 包装的基本功能分类体现在哪几方面？

第❷章
包装设计的流程与方法

知识点 包装设计的前期准备、设计制作、印刷前期

目标 树立现代包装设计的流程意识，了解现代包装设计的基本程序，掌握包装设计的方法，熟悉包装印刷前的文件要求与细节准备。

优秀的包装应该具备完整的保护功能、生理功能、心理功能，而要实现包装功能的完整性，就需要一系列科学严谨的流程来支撑。完整的包装设计流程主要包括：调研阶段、设计阶段、印前阶段。调研阶段是指对商品特性、品牌形象、消费者定位需求等方面进行调研，完成设计构思；设计阶段是指将调研阶段的调研结果从视觉角度予以解决呈现，通过具体的视觉设计形式来表现商品内容，并传达包装的文化品位；印前阶段主要是指将包装设计结合材料、工艺进行规范制作，以便后续准确印刷制作，相关印刷工艺的介绍将在第6章包装的材料与印刷工艺中予以详细介绍。有时还要对已经投放市场的商品包装设计进行市场效果测评，用以检验包装设计是否达到了预期目标。

2.1 调研阶段

商品的包装可以全面展现企业的文化定位与营销策略等隐性因素，所以在进行包装设计之前需要对企业、商品、市场、消费者等因素进行深入的调研、分析、总结。

首先，要与商家进行沟通，深入了解企业经营文化理念、发展状况、营销战略，详细分析商品的特性定位、使用工艺、适用人群等信息；其次，要对市场同类竞争产品进行比较调查，包括品牌风格、价格定位、消费诉求、展陈方式等方面；再次，要通过问卷调查、电话访谈、互联网调查的方式，对该商品所服务人群的功能与精神需求进行调查，包括消费者的年龄层次、收入状况、文化背景、消费习惯、审美喜好等方面；最后，还要对商品投放市场进行调研，包括销售渠道、营销方式、地域文化特征等方面（图2-1）。

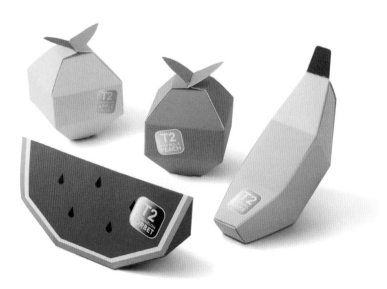

图 2-1　T2 迷你水果茶包装 | 澳大利亚

2.2 设计阶段

设计阶段主要是指在前期调研的基础上，进行设计定位、素材搜集、创意构思、初稿设计、深化设计等，以科学的方式来规范包装设计。

◎ 2.2.1 设计定位

在进行系列调研之后，要对所搜集的信息进行综合的研究分析，明确消费者的市场需求、商品包装的设计定位，强调包装的针对性、目的性、功能性、视觉性。设计定位主要由文化定位、商品定位、消费定位三个紧密环节组成。

文化定位来源于企业、商品的文化内涵和消费者的心理，包装不仅是对商品的保护，更是体现新的生活方式与文化创新。因此进行包装设计时，不仅要考虑商品自身的使用、审美和销售等功能，还要赋予商品一定的文化魅力。例如Le Charme de PARIS品牌源自法国，在包装设计上传达了产地的精神和浪漫主义，包装的视觉重点放在表现力上，通过使用埃菲尔铁塔、在风中飘扬的围巾、从相爱的情侣手中滑落的雨伞等元素表达了品牌包装浪漫的文化气息（图2-2）。

商品定位是指以市场调研为基础展开分析，使包装设计目标清晰化，从而确定商品的方向，我们可以从商品属性、包装策略、销售渠道、展陈方式等角度对商品进行全面的定位。例如LIGHT化妆品包装（图2-3）从产品的属性以及营销策略出发，打造具有鲜明用户体验和重要文化价值的包装设计。该系列包装设计灵感来源于SPA，蜡烛、香气和热气腾腾的温暖等元素的意向性

图 2-2 Le Charme de PARIS 酒包装 丨
法国

图 2-3　LIGHT 化妆品包装丨美国

融入，同时也与放松和自我护理联系在一起。整套产品都有不同的形状，都以点燃的蜡烛为容器，可以把消费者带到一个点着蜡烛的蒸汽浴室。

　　消费定位是指充分了解目标消费群体的消费喜好与消费形态，从消费对象、消费方式、消费地域、消费行为等方面定位。如 Sparkling 酒包装（图 2-4）整体风格符合这类产品的视觉风格所设定的要求，同时严格和略显浮华的标签风格遵循欧洲起泡酒的常见路线，带有典型的装饰和纹章元素，使用高质量的艺术纸和定制的标签形状，使该产品与货架上其他同类产品区分开来。

◎ 2.2.2　搜集素材

　　在正式开始进行包装设计之前，首先要围绕确定的设计定位进行素材的搜集。可以围绕所需视觉元素、相关参考资料、设计潮流趋势、材料性能特点等方面展开。素材资料的完整程度可以决定设计师的视野、思路，从而保证包装创意的形成与设计的顺利进行。搜集的内容应根据设计定位来确定，并没有统一的标准，一般包括商品品牌特征、固定的视觉风格、包装的造型、材质的选择、印刷工艺的表现等内容。

图 2-4　Sparkling 酒包装丨罗马尼亚

◎ 2.2.3　创意构思

在包装设计过程中，创意构思属于重要环节，需要在前期调研分析的基础上，对所搜集的素材进行创意设计，尝试多种设计的可能性，从而形成具有创新性的观点和思路。基于前期的设计准备，可以采用逆向式、发散式、综合式的创意思维，对包装设计的视觉表现、材料工艺、包装结构进行总体的构思。包装设计的内容构思可以从以下几个方面去考虑。

2.2.3.1　直接表现法

直接表现法以直观的商品形象作为包装的主体形象，可以是商品形态、生产原料、产地环境、制作工序等内容，多采用摄影、绘画的表现方法。如CZECHOSLO-VAKIA伏特加包装设计（图2-5）主形象采用插画的表达形式，将该商品产地的自然、人文风貌以艺术的形式直观表现出来，清晰地表达出商品地域文化的品质。

图 2-5　CZECHOSLOVAKIA 伏特加包装 | 斯洛伐克

2.2.3.2 间接表现法

间接表现法是包装画面不直接出现产品形象，而借助其他关联性的符号事物使人联想到该产品。可以选择从商品的生产原料、产地、消费者使用形象、品牌形象等角度来突出产品。例如俄罗斯Private Apiary蜂蜜包装（图2-6）的设计主题致力于传统，并没有直接描绘蜜蜂或者蜂巢的图形形象，而是采用抽象间接的表现手法，以刺绣的形式表达蜂蜜产地自然元素的形态，表达出传统、自然的商品特色，传递出俄罗斯独特的生活风貌，以看似毫不相干却又有代表性的形象来表达产品的品质。

图 2-6 Private Apiary 蜂蜜包装 | 俄罗斯

2.2.3.3 意象表现法

意象表现法是以能代表商品的抽象概括符号来表达商品，属于较为含蓄的表现方法。例如NORDIC蜂蜜包装（图2-7）在材质表达上采用玻璃与原木相结合的形式，可以使消费者通过玻璃感受蜂蜜产品的颜色特性，还可以通过原木材质衬托出蜂蜜产品的天然、纯粹，象征性地表现出产品的品质与口味，形成强烈的自然意向性表达。

图 2-7　NORDIC 蜂蜜包装 | 爱沙尼亚

◎ 2.2.4　初稿设计

2.2.4.1 绘制设计草图

绘制简图或草图是将包装创意的想法表现出来的最佳方式。在正式开始设计之前，应尽量将初步想法、创意、元素以草图的形式绘制在纸上（图2-8）。设计草图并不需要特别精确的细节，但对包装设计元素表达与信息视觉流程应做整体性的规划，便于设计细节的下一步深化。

2.2.4.2 绘制电子初稿

在此阶段，通过电脑辅助制图软件将设计草图上的构思与创意进行电脑绘制，根据后期印刷制作文件输出的要求，使用矢量绘制软件进行制作，目前多使用

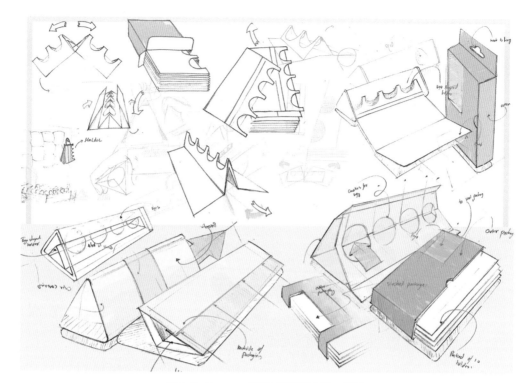

图 2-8　Eggscetra 鸡蛋包装设计草图 l 美国

Adobe Illustrator进行包装设计电子文件的制作。如果前期制作草图较为细致、深入、完整，亦可将草图通过扫描的形式导入软件中，然后根据设计草图进行包装设计标准化电子文本的制作。

在电子初稿绘制过程中，需要将草图中的创意构思与设计表现进行更加细致和深入的思考，尽量保持草图的设计感觉，对包装设计中的各视觉元素进行整体的安排，并对各元素进行科学有效的视觉流程规划。同时应围绕所收集、选取的视觉元素符号进行分析研究，尽可能多的提出多种设计概念和方案，为客户提供多样化的选择。

2.2.4.3　视觉流程规划

各个视觉信息元素通过版式设计会产生一定的阅读顺序与流程，与所要传达信息内容的主次关系保持一致，

图 2-9　Eggscetra 鸡蛋包装 | 美国

其意义在于将视觉信息按照阅读层次进行有效的视觉引导与规划，以保证主要信息首先被消费者接收，并按照设计的视觉流程引导消费者阅读包装信息。

在包装设计中，首先，要对包装结构的主体视觉部分、文字信息部分、辅助视觉信息等部分进行划分，然后可以按照从左到右、从上到下或者从中间到周边等顺序进行视觉信息流程的规划（图2-9）；其次，要注意不同层级信息之间的区别要明确，做好不同层级信息之间的划分，可以采用增大行距或添加装饰线的方式进行视觉分割，从而有效促进信息的视觉流程规划；最后，可以采用差异化的文字、图形、色彩等视觉元素来区分包装设计的内容，避免造成消费者选择障碍，直接影响产品销售。

例如POSEIDON红酒包装（图2-10）对标签文字信息进行了良好的视觉规划，为了符合阅读习惯，包装设计采用从左至右的横排视觉流程，然后以字号的大小对比出产品名称，通过印刷字体、手写字体、线条等形式对其他信息进行有层级的弱化，同时结合徽章图形，对产品的品质进行间接性的表达，形成信息层级清晰、视觉流程合理、组合形式丰富的视觉效果。

图 2-10　POSEIDON 红酒包装 | 葡萄牙

2.2.4.4　设计初稿校正

当设计初稿基本完成后，需要根据前期的设计定位与创意对初稿进行校正，以确保设计表达的方向正确，并从多个方案中选择较优秀的方案进行后期的设计优化。校正设计初稿可采用打印输出制作包装样品或者效果图渲染的形式，对设计初稿方案进行比对、选择、修改，给观者以直观、生动的视觉感受（图2-11）。在校正的过程中，需要注意对商品包装定位、风格、形式、结构进行深入讨论，校正重心放在如何使商品通过包装设计获取最佳效果。

图 2-11　蜂花檀香皂包装丨李昕玥　中国

◎ 2.2.5　深化设计

2.2.5.1　文字信息规范

包装作为功能性的设计，其文字信息是对商品的全面介绍。首先，要符合文字书写阅读的规范，用简单凝练的陈述性语言以方便人们的阅读；其次，要正确区分不同层级的文字信息，主要包括商品名称、成分、质量、容量、产地、使用方法、注意事项等多个层级的文字信息，准确地表达与处理文字信息，方便消费者的阅读与认知；再次，正确、规范设计不同层级文字信息的位置，如商品名称、品牌文字多放在包装的正面中上部，而容量、质量的文字信息多放在包装正面中下部，使用方法、成分等信息则放在侧面或者背面；最后，还要明确区分并规范设置不同层级文字信息的字体、字号、行距、位置、色彩等。

例如SPIKE芒果苏打水包装设计中，将商品品牌文字、广告语与品质性的宣传内容放在包装的主要展示面，说明性的文字则放在包装结构的侧面和背面，将商品品质性的文字与成分等其他说明行进行视觉梳理组合，形成合理的文字信息阅读顺序（图2-12）。

图 2-12　SPIKE 芒果苏打水包装丨挪威

2.2.5.2　视觉整体调整

　　包装设计视觉整体调整是指在设计初稿校正的基础上，对所选定的设计方案进行深入的表现与完善。视觉调整包括对包装主体形象视觉元素的把握、材料工艺的科学使用、设计风格的把握强化等内容，同时还要考虑到包装结构所形成的特殊性视觉表达，以纸盒包装为例，除了注重正面的设计，还要充分考虑到顶面、侧面、背面、底面，甚至包装盒内面的设计，从而从整体的视觉角度对包装设计进行调整（图2-13）。

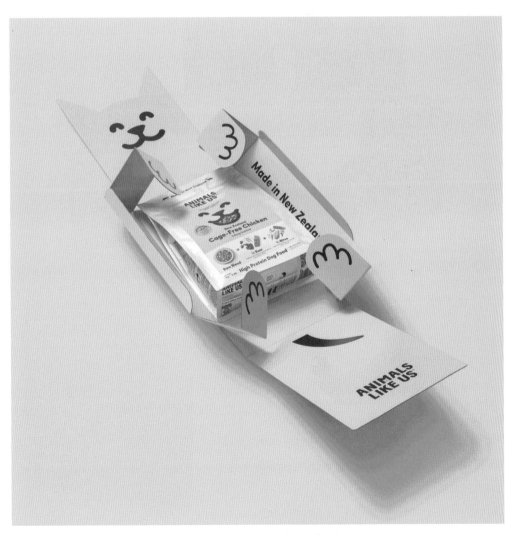

图 2-13　ANIMALS LIKE US 食品包装 | 新西兰

2.2.5.3　制作打样

经过深化设计的包装，需要按照包装实物尺寸进行制作打样，通过实物呈现的方式来检验包装设计的效果（图2-14）。我们在进行包装设计时，往往在电脑端或者平面纸张上很难发现具体的问题，比如字号的大小、图片的清晰度、信息传达的流畅性等实际问题，这就需要将包装实物进行一比一的打样来检验设计，如有问题继续调整，如果甲方认可，便可签字印刷制作。

图 2-14　壹生堂包装打样效果 王蕾｜中国

2.2.5.4　完善终稿

深化设计终稿是经过反复调整、打样、制作后完成的。在实际操作过程中，除了要考量文字、图形、色彩、结构等元素，在最终设计稿上还要对包装设计中所出现的文字进行检查，应仔细核对涉及法律方面的各个因素，从而确保包装设计诉求的完整（图2-15）。

图 2-15　Design Papers 纸样包装
塞尔维亚

2.3　印前阶段

包装设计最终方案在甲方签字确认以后，需要输出标准的印刷用电子文件，与印刷部门积极沟通，并进行及时反馈。印前阶段主要包括准备印刷文件和生产制作说明两部分。

◎ 2.3.1　准备印刷文件

关于印刷文件应注意以下方面：

① 确认所用图像文件的分辨率不低于300像素/in（1in=25.4mm，下同）；

② 确认文件中的RGB色彩模式是否转换为CMYK模式；

③ 确认文件中链接图片的链接路径是否正确；

④ 确认文件中的文字是否已经进行转曲设置；

⑤ 确认文件中出血位设置是否为3mm；

⑥ 确认文件输出的格式为矢量文件，尽量存储为PDF格式文件。

◎ 2.3.2　准备生产制作说明

印刷电子文件交付给印刷厂或者印刷部门时，还要提供详细的文字说明，包括：

① 包装使用材料说明要求及样品；

② 包装工艺方面的说明要求及样品；

③ 印刷打样的标准；

④ 色彩的规格要求（尤其是专色的色样）；

⑤ 包装结构形态的模切制作要求等。

2.4 案例分析

◎ 2.4.1 Feréikos Escargots 食品包装设计

设计：BOB Studio

完成时间：2016 年

Feréikos 是一家位于希腊以养殖、经营蜗牛为特色的食品加工企业，其品牌名称由"feré"（携带）和"ikos"（房屋）组合而成，翻译过来就是"我带着我自己的房子"，这是对品牌与产品最贴切的描述，其产品远销世界各地，赢得了许多赞誉。

在包装设计方面（图2-16），设计师根据企业的经营特性与蜗牛的特点，包装的图形采用手工绘制黑白螺旋为视觉主形象，其灵感来自蜗牛背上的螺旋状的壳，并且此类图形具有强烈的视觉冲击力，可以清晰地扩展到不同尺寸、类型的产品包装，赋予品牌产品统一的视觉形象；在包装材质上将纸质、金属、玻璃结合，符合人们对于食品包装材质的需求；在色彩上则以黑白螺旋图形为主，辅以小面积的金色、蓝色、橙色等辅助色。整个系列包装视觉统一，色彩明确，符合人们的消费审美习惯，具有很好的参考研究价值。

图 2-16 Feréikos Escargots 食品包装设计｜希腊

◎ 2.4.2　COMECO 肉制品包装设计

设计：Chris Trivizas

完成时间：2018 年

　　COMECO是希腊一家以肉类加工和贸易为主的企业。其标志采用抽象形象与字母组合的形式（图2-17），简洁明确，抽象的几何线条暗示了有序的功能和现代的行业轮廓，看起来坚硬有力的字母组合表达出品牌的有效性。在包装上根据肉制品包装的特性，采用透明塑料材质结合真空塑封技术，在包装的上半部采用印刷方式将商品信息展示出来，下半部则采用透明塑料形式，消费者可以直接观察到肉制品的色泽、形态，具有良好的视觉展示性。整个包装效果整体统一，通过材质、图形、色彩、文字的有效组合，形成很强的功能识别性。

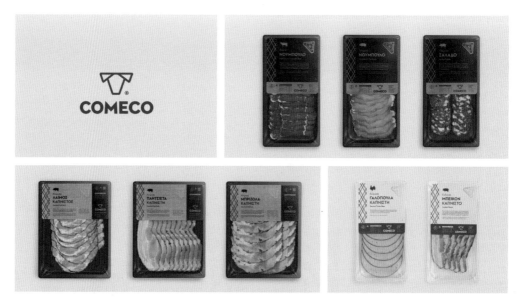

图 2-17　COMECO 企业标志及肉制品包装设计 | 希腊

思考题

◎ 包装设计的流程分为哪几个阶段？

◎ 包装设计各个阶段应该注意的问题有哪些？

◎ 印刷前期的文件准备应该注意哪些问题？

第❸章 包装设计的原则

知识点　包装设计的总体原则、包装文字信息设计原则、包装图形信息设计原则、包装色彩信息设计原则

目　标　树立现代包装设计的原则意识，掌握包装设计的原则、包装文字信息设计原则、包装图形信息设计原则、包装色彩信息设计原则。

3.1 包装设计的总体原则

　　包装不仅仅是要保护商品，更重要的作用是要传达积极的视觉信息，从而促进商品信息有效传达。包装在信息设计上必须考虑到传达的功能性，应该具备清晰、明确的视觉特征，使消费者对商品形成直接的认识，需要设计师准确把握文字、图形、色彩、版式、结构、材料、工艺等环节的相互关系，力求包装的经济实用、视觉新颖。例如iska橄榄食品包装通过简单直接的视觉感受征服消费者，透明的标签、无衬线字体是最佳的选择，无需图像性的描述，产品本身就很好地说明了一切（图3-1）。

　　随着包装市场竞争的日趋激烈，每个品牌的包装都在想尽办法突出促销作用，所以在包装设计上更要遵循视觉突出原则、信息准确原则、情感审美原则。

图3-1　iska橄榄食品包装｜俄罗斯

◎ 3.1.1　视觉突出原则

　　面对琳琅满目的商品，商品的包装在陈列环节要能够引起消费者的注意，才能促使消费者产生购买行为。而要引起消费者的注意就要从新颖独特的造型结构、明确个性的色彩、个性典型的图案、科学特色的材质等方面构建包装设计的信息设计原则，从而达到引人注目的视觉效果。

3.1.1.1 造型突出

可以通过为包装设计独特、新颖的造型结构来吸引消费者的注意。特殊的包装形态可以帮助商品区别于其他同类商品的造型，同时赋予商品不同的性格特征，如在酒类、化妆品等包装设计上设计师往往别出心裁，不拘泥于传统的造型，形成了很多不规则的造型设计，不仅在展示环节可以轻易地与同类商品区别开，同时还会使消费者感受到独特的消费体验。例如FISH CLUB是专供海鲜餐厅的红酒，在包装的造型设计上设计师采用了突破式的设计，以鱼鳞作为包装的核心视觉元素，将风格化的鱼的形象与酒瓶精心搭配，鱼的尾部与瓶颈相扭曲贴合，既突出了产品的造型，又增加了产品的趣味性，通过特殊的造型很好地增加了产品的内涵（图3-2）。

图 3-2　FISH CLUB 红酒包装 | 亚美尼亚

3.1.1.2 色彩突出

色彩作为包装设计中的重要视觉元素，可以直接影响消费者对产品的注意程度，醒目、突出的色彩搭配往往会使消费者快速形成良好的视觉认知，增加包装的亲和力。所以设计师在包装设计色彩的选择上应尽量选择符合商品特性，且具有生命力的色彩，如红色具有温暖、热情等寓意，黄色具有收获、成熟、繁荣的寓意，蓝色则有生命、科技、医疗的寓意，尽量避免选择晦暗、毫无个性的搭配。例如bUfO药品的包装（图3-3），设计师并没有采用普通医药产品包装白色、蓝色的搭配，而是选择象征生命、茂盛的绿色作为视觉主体色彩，并将绿色全面覆盖，从中包装到个包装进行视觉色彩的统一，表达了产品新鲜富有生命力的健康品质。

图 3-3　bUfO 药品包装 | 立陶宛

又如Beak Pick果酱品牌主张营养的选择和整体上

更健康的饮食习惯，而鸟类在吃水果时采用食用少量食物的健康方式，这与品牌所倡导的理念不谋而合，所以设计师在包装图形上采用了丰富浓烈的色彩，描绘了鸟喙的解剖结构和水果的形状之间的相似性（图3-4）。纯白色的背景使形象脱颖而出，与充满活力、色彩丰富的插图和黑色文字形成对比，因此对观者有强烈的影响。从视觉上看，该包装的标签上展示了鸟类和水果，唤起了人们对大自然的向往，这完美地反映了产品的自然和非人工特色。

图 3-4　Beak Pick 系列果酱包装丨亚美尼亚

3.1.1.3　品牌突出

包装信息设计都是以传达商品品牌形象为最终目的，消费者往往通过突出的品牌形象就可以迅速解读出商品的特性，尤其是知名度较高的品牌包装。如李宁、可口可乐等知名品牌的包装，消费者往往根据包装上突出的品牌形象就可以快速识别，并根据个人需求快速消费。在可口可乐包装中，象征品牌的红色永远是包装的主体色彩，识别度高的红色可以让消费者很好地识别产品，设计师只是根据不同口味进行辅助色彩的组合搭配（图3-5）。

图 3-5　Coca Cola 可口可乐包装丨美国

图 3-6　SNOBBY KNOBBY 威士忌包装 ｜
澳大利亚

3.1.1.4　材质突出

包装材质的差异变化可以给消费者营造不同的消费体验，从而引起消费者的注意。如酒类、食品类的外包装通常以纸张或金属为主要材质，有些包装则别出心裁，结合金属、木材作为外包装材料，与纸张形成明显的材质差异，木材象征自然更具有绿色环保的气息，金属材质则表现出强烈的个性气息，在商品陈列展示中更易引起消费者的注意。例如 SNOBBY KNOBBY 威士忌包装（图3-6），设计师将金属、纸张、玻璃等材质结合，形成富有层次的肌理质感，传达出产品的个性特点。

包装设计的视觉突出原则并不是刻意强调突出商品包装，包装属性、特点和定位应与产品的属性相匹配，才能达到积极的宣传效果。

◎ 3.1.2　信息准确原则

优秀的包装设计不仅要通过造型、色彩、材质优化突出个性，吸引消费者的注意，更重要的在于需要将产品的信息通过包装设计准确地传达给消费者，消费者正是依据包装信息进行产品的选择，所以包装信息的准确性传达具有重要的意义。因为人们对于产品的需求并不仅仅因外包装设计的赏心悦目，而更加注重的是包装内产品的功能，所以如何将产品功能等信息通过包装设计准确、流畅、快速地传达给消费者，成为包装信息设计的重要原则。可以采用直接传达的方式来确保传达信息的准确，如水果类、蔬菜类、肉类等食品的包装经常会采用模切的方式，将产品的颜色、属性、新鲜程度等信息直接呈现给消费者；也可以采用概括简洁的图形文字对产品进行直接表述，如葡萄酒、农产品类的包装可以直接将产品的生产、属性元素直接呈现在包装上，传递给消费者直观准确的信息（图3-7）。

图 3-7　ANI YOGURT 果酱包装｜亚美尼亚

◎ 3.1.3　情感审美原则

现代人对商品的购买，在很大程度上取决于个人情感喜好。包装设计与消费者情感审美的契合，主要表现在两个方面：一方面体现在商品的生理功能层面，主要是指商品包装的功能、功效满足人们的实际需求，比如商品包装的结构、大小、质量是否符合人们的生活习惯，是否方便开启、携带、使用、计量等，如果包装为消费者的使用带来便利的体验，自然会引起人们积极的情感共鸣；另一方面，包装的情感审美传达还取决于包装设计的促销功能，即包装设计的视觉表现，通过造型、结构、色彩、材质、工艺等因素的有机结合，满足消费者审美上的精神需求，能够引起人们的好感，进而获得对包装设计的认同感。

如 BOHEMIA 威士忌包装（图 3-8），设计师在材质结构上将玻璃、软橡木、纸张印刷结合，在瓶身上采用条状起伏工艺，增加了手握瓶身的摩擦力，具有很好的便捷性，在设计上则有效组合排列视觉信息，并集合打孔、烫金、起凸等印刷工艺，大大增加了包装的视觉识别性与层次性，形成了完整的审美传达体系。

图 3-8　BOHEMIA 威士忌包装｜捷克

3.2 包装文字信息设计原则

包装设计中的文字作为信息传播的主要视觉符号，同时起到突出品牌形象、传递商品信息的作用。文字信息是包装设计必不可少的视觉元素，是商品信息准确传达的重要形式，包括商品的名称、容量、成分、使用方法、生产日期等必不可少的信息内容。文字信息是促进商品销售的直接手段，影响包装设计信息传达流程的效果。

◎ 3.2.1 文字信息的分类

在包装设计中文字主要是向消费者传达商品的准确信息，包括品牌名称、商品名称、广告语、质量容积、成分组成、使用说明、生产日期、生产厂家、产地属性、安全标志等，同时通过字体、字号、间距的组合排列，形成科学合理的视觉流程与阅读节奏感，方便消费者对产品信息的获取。

包装设计中涉及的文字信息数量与类型较多，可以按照内容的不同划分品牌性文字、宣传性文字、说明性文字三个部分。

3.2.1.1 品牌性文字

品牌性文字主要是指企业名称、产品名称、品牌名称等内容。品牌性文字作为包装设计中的重要文字信息，起到向消费者介绍商品品牌的作用，需要设计师精心设计与排列组合，在文字的大小比例、色彩搭配、形式变化上形成突出的视觉感。产品名称、品牌名称是包装设计主要展示的文字信息，一般放置于包装结构的主要展示面。品牌名称具有标准化的范式，比如企业标志、产品标识等类型的文字；产品名称、厂商等文字信息则需要根据整体设计风格的把握进行设计编排。例如Tomacho系列番茄产品包装（图3-9），虽然在容器与视觉上都有着丰富的变化，但是对于"Tomacho"品牌字体的使用，却有着严格统一的规范标准。

图3-9　Tomacho系列番茄产品包装｜亚美尼亚

3.2.1.2　宣传性交字

宣传性文字主要指包装设计中的广告宣传文字部分，是最具有代表性的广告语。宣传性文字内容务必简洁生动，具备良好的识别性、可读性，在设计形式上可以区别于品牌性文字，字体形态多以活泼类型为主，但需要进行相应的视觉调整，在注重艺术个性的同时还要增强其识别性。宣传性文字的位置多与品牌性文字组合呼应，可以起到平衡包装视觉画面的作用。同时要注意的是位置、大小要区别于品牌性文字，避免视觉上喧宾夺主超过品牌名称（图3-10）。

图3-10　MELÍES橄榄油包装｜希腊

图 3-11 Ma Olea Oil 橄榄油包装 | 希腊

3.2.1.3 说明性文字

说明性文字属于包装设计中文字信息量最大的组成部分，主要包括产品说明、成分构成、注意事项等说明商品使用方面的文字内容。这类文字信息应以准确说明信息为目的，文字内容尽量简明概括，字体选择上需要规范准确，字体的种类不宜选择过多，以两到三种非衬线字体为佳，可通过调整字体的粗细、字号等形式划分文字信息层级，设计风格上要与品牌性文字、宣传性文字进行统一协调，设计位置通常位于包装的次要结构部分（图3-11）。

◎ 3.2.2 文字信息设计的原则

在包装设计中文字信息的主要功能既能够快速将商品的信息传达给消费者，吸引消费者的注意，同时还要通过文字信息将商品、企业的内在价值传达给观者，因此包装设计中的文字信息，既要与图形、色彩有效组合形成整体的视觉感，还要突出包装文字信息的信息传达功能。包装设计中的文字信息设计要坚持以下几项原则。

3.2.2.1 统一性原则

包装设计作为文字、图像、色彩、造型、结构、材料、工艺、展陈等诸多因素的综合体现，其中文字信息作为包装设计中不可或缺的信息组成，其字体、字号、间距、结构都要与包装整体风格保持一致。设计中应围绕包装设计的总体风格来规划文字信息设计的风格与样式，注重文字信息传达功能的体现，形成统一性的视觉原则，避免过于强调文字信息而导致整体风格混乱（图3-12）。

3.2.2.2 阅读性原则

阅读性是文字信息基本功能性的直接体现，这也是

图 3-12 El Pasaje 酒包装 | 塞尔维亚

在包装设计中文字信息设计必须要遵守的原则。包装设计中文字信息设计的首要目的是向消费者传达商品信息，如果不具备良好的信息阅读性就会使消费者产生商品阅读障碍或选择忽略，这样就失去了包装设计促销功能的意义。因此，在进行包装的文字信息设计时要充分考虑各类信息的阅读性，保证消费者在第一时间接收到信息（图3-13）。

图 3-13　bukli 酒包装丨立陶宛

3.2.2.3　多样性原则

包装设计中文字信息设计相较于其他设计形式种类繁多，其组合排列应围绕视觉流程设计进行有层次的梳理规划，遵循多样性的原则，如不同字体的组合、不同字号的组合、由左向右横排、由右向左竖排等变化形式。多样化的文字信息排列组合，可以丰富包装设计的视觉构成，增强艺术表现力，但要注意不同层次文字信息间多样性的组合要服从统一性的原则，使品牌性文字、宣传性文字、说明性文字形成有机的组合，使包装设计既符合大众阅读的习惯，还能满足人们对于个性化视觉审美的需求（图3-14）。

3.2.2.4　规范性原则

包装设计中文字信息种类较多，也比较冗杂，中文、英文、数字、图表形式多种多样，为避免设计的混乱,应遵循规范性的原则。首先，字体类型不宜过多，虽然包装设计中文字信息较多，但字体的选择使用不能超过5种，使用过多字体类型会导致包装画面主次不分，缺乏视觉感；其次，字体的使用应符合商品属性，围绕商品内容来设计，确保消费者准确解读商品的个性；再次，合理规划不同类型文字信息的位置关系，包装文字信息应该按照品牌性、宣传性、说明性的顺序，合理规划位置关系，形成有序的视觉组成（图3-15）。

图 3-14　Cooper's 经典威士忌包装丨美国

图 3-15　RON BOTRAN 朗姆酒包装丨英国

3.3 包装图形信息设计原则

　　图形信息作为包装设计中重要的视觉元素组成部分，相较于文字信息具有生动形象、通俗易懂、表现力丰富等特点。如何形成既符合商品特征又具有个性化的图形表现，成为包装图形信息设计的重点。直观、生动、个性的图形信息可以快速直接地将商品信息介绍给消费者，并形成强烈的视觉冲击力，给人留下深刻的印象，同时图形信息可以跨越地域、语言的限制，实现无障碍式的交流，从视觉上表现出强烈的艺术感染力（图3-16）。

图 3-16　亚烹全价猫粮包装 刘露群 | 中国

◎ 3.3.1　图形信息的分类

　　在包装设计中图形和文字都是为包装设计的整体视觉服务的，通过图形信息可以直观地塑造商品形象，准确传达商品信息与艺术感染力。包装设计中的图形信息主要分为具象图形、抽象图形。

3.3.1.1　具象图形信息

　　具象图形信息是指直接描绘商品形象或与商品相关的图形，这类图形信息大多采用摄影、绘画的形式来表现。通过摄影技术可以真实地再现产品的形象,具有色彩丰富、层次细腻的特点,能够给人以直接的视觉印象,具有良好的信息传达性(图3-17);写实性绘画并不是直接描绘商品,而是对其特征有选择性地写实表现,能够给人以艺术性的审美(图3-18)。如食品类包装的图形信息,为了表现出商品的口感与味道,多采用具象图形进行包装设计,给消费者增加鲜明的印象,提升购买的欲望。

图 3-17　Gigger 饮料包装丨乌兹别克斯坦

3.3.1.2　抽象图形信息

抽象图形信息是指采用抽象化的图形从概念的层面表达商品的特定属性,并不直接展示商品本身,而是采用点、线、面等形式表现商品特性,这些特性并不直接模仿商品特征,而是在一定基础之上概括归纳而成的。这类图形信息较之具象图形个性鲜明、形式多样,具有较强的时代感。

如巴西的 Cap Barley 啤酒包装(图3-19),包装设计灵感来源于航海旅行,在啤酒包装视觉表达上用抽象的图形代表航海的各个元素,给观者新鲜奇特的视觉感受,同时表达了该品牌产品鲜明的个性。

图 3-18　Гласс и Босх 玻璃制品包装丨俄罗斯

图 3-19　Cap Barley 啤酒包装丨巴西

◎ 3.3.2 图形信息设计的原则

图形信息作为仅次于文字信息的包装设计视觉元素，主要起到辅助文字信息传达、丰富设计效果、提高包装审美的作用。在具体的设计过程中要坚持以下几项原则。

3.3.2.1 直观性原则

图形信息具有强烈的表达特征，不会因为语言、文化、地域的差异而产生阅读障碍，具有较强的直观性。文字可以准确直接地描述商品，而图形信息则是用生动的形象将商品抽象的概念传达给消费者，使人能直观识别。如果在包装设计中采用逼真的摄影图片，可以轻易使人联想到产品口感、气味、触感等特征，这种直观的说服力远远要大于文字信息。如图 3-20 中的 Bel Gusto食品包装设计，采用手绘地域特色建筑结合镂空工艺，直接将产品的外观和品质展现给消费者，可以轻易使人感受到产品的口感、气味、触感、品质等特征，这种直观的说服力远远大于文字信息描述。

图 3-20 Bel Gusto 食品包装 | 乌克兰

3.3.2.2 趣味性原则

在直观性表达之外，图形信息还具有强烈的趣味性表达意味。现代包装设计中经常采用拟人、夸张、通感等手法来表达，使产品具有人类的感情趣味，这类包装设计往往诙谐幽默，容易引起消费者的情感共鸣。

例如vove是越南一个100%天然成分的蚊香品牌（图3-21），该品牌使用芳香的柠檬草、橘子皮、咖啡、薄荷等原料，成分天然，气味多样，令人愉悦。在包装图形的处理上则采用趣味诙谐的手法将蚊子处处受挫的场景描绘出来，令消费者眼前一亮。

3.3.2.3 识别性原则

图形信息作为商品信息传达的主要形式，同样需要具有识别性的原则特征。包装设计中的图形需要传达商品的属性、特点、情感等信息，所以选择的图形需要能够被消费者准确地识别和理解，进而促进商品信息的接收，而不会造成商品识别上的困难（图3-22）。

图3-21 vove蚊香包装 | 越南

图 3-22 FAVUZZI 食品包装 | 加拿大

3.3.2.4 立体性原则

包装设计不同于其他依靠二维平面为载体的设计类型，图形信息是通过包装结构立体地展示给消费者，因此在包装设计中进行图形设计要考虑到包装的立体性因素，将图形按照包装的空间结构进行设计安排，避免过于局限而造成识别困难或者相反的视觉效果（图3-23）。

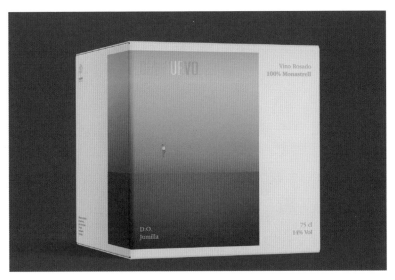

图 3-23 DIA NUEVO 酒类包装 | 西班牙

3.4 包装色彩信息设计原则

　　色彩作为包装设计中最具视觉传达感染力的信息元素，不仅起到视觉美化的作用，还具有文字、图形所无法替代的表达功能，甚至在某种程度上可以跨越语言、文字、地域的差异来传达商品属性，同时色彩信息还会形成强烈的情感引导。优秀的包装设计可以通过色彩信息使人联想到商品的品质特性，诱导消费者产生购买欲望。因此，在进行包装设计时应注意准确把握色彩信息的使用，设计符合商品特性、消费者审美的色彩组合搭配，进而促进包装信息的传达。例如color eat果酱包装设计（图3-24），其初衷是为了解决小朋友的饮食问题，因此基于画家的调色板构建了包装形态概念，容器造型设计采用调色盘的形式，同时根据不同类型果酱的色彩进行相应的视觉设计，给人色彩斑斓的视觉感受。每个罐子的大小是一个孩子每天摄入果酱的推荐食用量，草莓、无花果、南瓜、桃子等这些美味的果酱就像五颜六色的颜料，让小艺术家们在用吐司做的画布上尽情发挥想象力。

图3-24　color eat果酱包装 | 亚美尼亚

◎ 3.4.1　色彩信息的作用

商品包装色彩信息要吸引消费者的注意，从刺激视觉器官开始引发消费者的注意，进而诱发购买欲望，产生购买行为，可以看出包装的色彩信息是主导消费行为的重要视觉因素，直接影响了消费行为。在包装设计中色彩信息的作用主要表现在以下两个方面。

3.4.1.1　传达特性

色彩作为包装设计中的重要视觉元素，不仅是构筑包装审美的重要手段，还具有强烈的宣传促销作用，通过色彩可以将商品的特性信息传达给消费者。不同的色彩因色相、明度、纯度等属性的差异，使人形成不同的色彩认知与感受。因此，应根据商品的属性、诉求、应用等因素选择不同的色彩信息进行传达表述，如商品的轻重、软硬、冷暖、大小、安全等因素均可以选择对应的色彩信息进行传达。需要注意的是，不同的文化范畴中对于色彩的理解与认知存在着较大的差异，所以应注意色彩信息的文化性因素（图3-25）。

3.4.1.2　情感表达

包装设计中的色彩信息因人而异，每个人对于色彩的认知都来自其文化经验积累与主观情感，具有较强的个人主观性，进而很容易形成情感上的认同。色彩在包装中的作用通常体现在情感传达的互动过程中，由于民族、地域、文化、习惯以及个体差异的不同，对于色彩的情感认知也不尽相同。包装设计中色彩信息首先要满足消费者的情感诉求，同时还要体现地域、文化性色彩信息的表达，使色彩在传达商品信息时具有亲和力与针对性。例如LITTLE BIRDS野生鸟类食品包装（图3-26），在色彩上注重视觉情感传达，用明快、高纯度的色彩绘制鸟类形象，传递出活泼的生命力，同时传递出产品的属性特征。

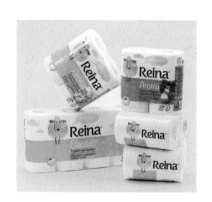

图 3-25　Reina 纸包装 ｜ 俄罗斯

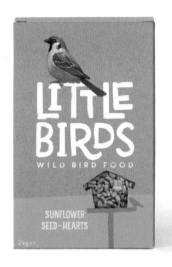

图 3-26　LITTLE BIRDS 食品包装 | 德国

◎ 3.4.2　色彩信息设计的原则

　　包装设计中色彩信息的传达性需要强化，才能引起消费者的情感共鸣，引导消费者的行为。为了增强包装设计中色彩信息的传达性、瞩目性，应注意以下原则。

3.4.2.1　符合性原则

　　就包装设计而言，如何通过色彩信息实现包装信息的准确传达，并引起消费者的辨识认同，关键在于色彩信息是否符合商品信息属性，并使消费者达到对商品的理性与感性认识的统一。包装设计中色彩的使用经常结合商品特征或使用特性，来传递商品属性。如果汁饮料类包装多以饱和度较高的色彩为主，奶制品包装的主色调多采用白色。因此，设计时应充分考量商品的属性特征，通过准确的包装色彩来传达商品信息。

　　例如UNBLACKIT是一款装在透明的玻璃瓶里的牛奶产品（图3-27），外侧用黑色黏性穿孔纸包裹，消费者通过打开外侧黑色包装纸使玻璃瓶上的黑色奶牛花纹显现。视觉信息的优化使其适合相同的奶牛图案风格。除了有玻璃瓶清澈透明这一审美特点外，还具有极好的

图 3-27　UNBLACKIT 牛奶包装 | 美国

保持产品新鲜的作用，同时有很强的参与性，形成了很好的视觉美感，符合产品特性，比较吸引消费者注意。

3.4.2.2 简洁性原则

包装设计中采用主体色彩与辅助色彩组合使用的形式，使用色彩不宜过多、过乱，否则会造成混乱的视觉效果，应以色彩使用数量少、色彩统一简洁为佳。从视觉的角度来看，高度简洁、概括、凝练的色彩信息具有强烈的视觉表现力，传递的信息也就最为快速准确，从印刷制作的角度来看，用色较少则便于降低包装成本，从而提高包装的经济效益（图3-28）。

图 3-28　innisfree 化妆品包装丨韩国

3.4.2.3 满足性原则

产品是为满足人们对于功能性的需求，包装设计同样如此。在进行包装设计时，设计师要充分考虑人们关于色彩的情感，在符合商品信息属性的基础上实现与消费者精神审美的契合，满足人们对于商品的色彩诉求。如食品类商品的包装多以明快、温暖的暖色系为主，表达食品的口感、味道等属性，医药科技类商品的包装则多采用冷色系为主辅助暖色，象征医疗、清洁护理等属性（图3-29）。

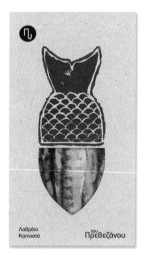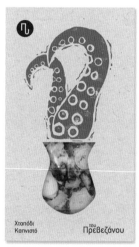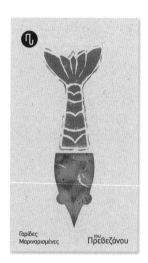

图 3-29 Tou Prevezan 食品包装 | 希腊

3.4.2.4 视觉性原则

色彩信息作为包装设计中最为引人注目的视觉元素之一，要确保商品在竞争中脱颖而出，色彩视觉性的作用不可忽视。结合视觉设计原理，通过色彩的使用制造视觉中心，紧跟时尚潮流，引起消费者的视觉共鸣（图3-30）。

图 3-30 Treat 巧克力包装 | 阿拉伯联合酋长国

3.5 案例分析

◎ 3.5.1　Health Labs 食品包装设计

设计：Kurka studio

完成时间：2021 年

图 3-31　Health Labs 食品包装设计｜波兰

　　包装设计中的图形、图像表达，一直是包装设计中的重要内容。采用什么方式表达图形图像信息，关系到产品信息的准确传递与品牌文化的内涵建设。具象的写实图像更适宜于产品的直接表现，而艺术性气质的融入，更有助于产品文化、审美因素的建立。

　　例如 Health Labs 是波兰一家生产膳食补充剂的企业，其产品是从大自然的植物中提取而来，因此设计师在包装的图像设计上，采用植物作为描绘的视觉主体，以点状素描的形式进行表现，将植物的生态气息表现得惟妙惟肖，同时又使产品具有强烈的艺术气息（图3-31）。整个包装采用纸张、玻璃、金属材料搭配，尤其是瓶身标签设计更是围绕艺术性的图像来展开，文字则采用识别度较高的无衬线字体，按照横排视觉方式准确梳理产品信息，使包装个性明确，具有天然的气息。

◎ 3.5.2 HOMEY 蜂蜜包装设计

设计：Katya Mushkina

完成时间：2019 年

　　传统的蜂蜜多以罐装或袋装的形式来进行包装设计，但俄罗斯HOMEY蜂蜜品牌采用的是一种不同于其他蜂蜜品牌的包装形式（图3-32）。该产品的包装采用了由密封性能好、可视性佳的塑料制成的蜂房的形状结构，其创意点在于每一个六边形的蜂房都是单一的蜂蜜包装结构，将若干独立结构彼此连接在一起形成蜂窝的视感。由于包装中每一个六边形包装的蜂蜜是透明的，所以消费者可以很容易地注意到不同种类的蜂蜜。另外单独包装有助于蜂蜜使用量的控制，相连接的蜂房设计不仅给消费者眼前一亮的感觉，同时大大方便了消费者的使用。

图 3-32　HOMEY 蜂蜜包装设计 | 俄罗斯

思考题

◎ 包装设计的原则有哪些？

◎ 包装文字、图形、色彩信息设计的分类及原则有哪些？

第❹章
包装创意设计

知识点 包装创意设计的基本要求、方法程序、创意要素

目标 树立现代包装设计的创新意识，了解包装创意设计的基本要求，掌握包装创意设计的方法、程序与要素。

4.1 包装创意设计的基本要求

包装设计作为消费者、产品制造商之间的连接纽带，需要准确平衡二者之间不同的诉求与表达。

首先，消费者需要通过包装设计有效了解商品的品牌、功能、使用方法等信息，同时商品的包装设计在审美上还要满足消费者的精神需求。如 HONEY STARS 食品的包装设计（图 4-1），改变了以往雀巢食品类的包装形式，将纸张与 PVC 塑料相结合形成宇宙飞船的造型。清新有趣味的形态准确地吸引了人们的注意，给人眼前一亮的感觉，同时通过颜色的组合搭配很准确地突出商品的性格特点，充分考虑到了消费者的审美取向。

其次，产品制造商需要通过包装设计增强产品运输、陈列过程中的便捷性和安全性，还需要具有优异的经济性，从而有效降低成本，同时还要注重包装促销功能的体现。例如 Keep Cup 随行咖啡杯的包装设计（图 4-2）充分考虑包装成本，采用经济环保的再生纸张作为包装的主要材料，结合包装主体面的镂空将产品表现出来，形成感性的产品形象功能表达。

再次，设计师需要通过包装设计满足产品制造商与消费者的不同诉求，通过包装设计促进商品销售，还要体现商品的审美与实用功能。由此可见，有效平衡消费者、产品制造商的诉求是包装创意设计的出发点，同时，还需要契合社会发展的动向和潮流，充分考虑个人需求、企业利益和社会效益的平衡。这就需要我们根据以上内容，以恰当的设计表现形式来实现创意的目的。

图 4-1　HONEY STARS 食品包装丨瑞士

图 4-2　Keep Cup 随行咖啡杯包装丨澳大利亚

　　图4-3是Sarabi Wine葡萄酒包装设计。设计师将标签上的葡萄图形进行异形模切，将手写字体、印刷字体有效组合，形成别具特色的标签信息组合，同时在酒瓶的颈部采用葡萄的花纹做密封包装，在容器造型上放缓瓶颈、瓶肩的曲线弧度，很好地烘托了产品的特征，同时有效平衡了商品的功能诉求、包装的经济成本，并抽象表达淳朴、浑厚、自然的产品口味，符合多方面的诉求。

　　总体来看，包装设计的创意要注意两方面的要求：一方面，包装设计的创意要适应社会的发展、科技的进步、材料的革新、审美的趋势，将市场需求与消费者需要作为包装创意设计的重要依据；另一方面，要在设计中强调运用艺术视觉语言，增加包装设计的视觉表现，通过艺术的设计、材料技术的突破，实现包装创意设计，从而满足人们的精神诉求。总而言之，通过艺术的表现力将包装设计的创意诠释出来，创造最佳的视觉效果。

图 4-3　Sarabi Wine 葡萄酒包装 | 阿塞拜疆

4.2 包装创意设计的方法和流程

◎ 4.2.1 包装创意设计的方法

包装创意设计是指运用艺术设计的思维方式进行构思创意的过程，在具体操作过程中，可以按照艺术设计的方法，从创意思维的角度按照一定的程序来完成。包装设计的创意基本是从创造性思维的角度来实现的，大致可以分为感性和理性两种方法。

4.2.1.1 感性创意方法

感性创意方法是进行艺术设计创意创作的主要思维方式，是以感性思维为基础直接认识事物的思维活动，是人们在长期的积累与沉淀中形成的直觉性感受，往往不需要经过刻意的分析、推演，是在长期的知识与技能积累中形成的瞬间迸发的灵感创意。感性创意方法往往具有以下特征：

① 感性创意往往伴随着人类的情感波动；

② 感性创意形式多样，可以是语言式的，也可以是符号、图像式的；

③ 感性创意体现着知识积累从潜在积累到显性表现的过程；

④ 感性创意的动因往往在于主体对潜在目标专注的程度；

⑤ 感性创意具有明显的突发性和瞬时性特征。

当然感性创意也受到周围环境的影响，每个人都有着个体差异，都有着不同的思维习惯与思维方式，这些决定了感性创意具有极强的个体性，需要我们在平时加

强积累，形成观察、发现与思考问题的习惯，才能够在面对问题时具备横向展开、纵向求解、逆向求异的创意能力，发挥敏锐的感受力和丰富的想象力。例如DRILL伏特加包装（图4-4）在包装设计上很有独特之处，英文中"drill"本意为钻孔、钻头，在包装设计上直接采用形象的钻头形态，替代原有固定的玻璃酒瓶，造型新颖，特点突出，具有很强的感性意味。

图 4-4　DRILL 伏特加包装 | 俄罗斯

4.2.1.2　理性创意方法

理性创意方法是基于理性分析的前提，在创意之初用科学理性的思维对创意进行规划与布局，虽然其中包含发散思维的因素，但更看重的是经过理性分析所推演出来的创意。在包装创意设计的过程中，要对商品品牌属性特点进行细致入微的分解，然后根据所分析的细节进行跨越式的组合。一件商品包装的创意设计，可以从以下几个层面的因素来进行理性的创意分析：

① 品牌特征，包括品牌的理念定位、视觉特征、色彩搭配、标准组合等因素；

② 商品特征，包括形象、功能、定位、质量、手感、服务等因素；

③ 包装特征，包括功能诉求、形态结构、材质肌理、工艺特征、技术成本等因素。

总体来看，在对包装进行创意设计的具体过程中，对感性创意和理性创意的区分并不是非常明确，而是为了实现创意的目的和要求，将感性与理性的创意方式综合起来运用，努力获得最佳创意方案。

KUM-KUM矿泉水包装（图4-5）以水的动态形态为出发点，采用了特殊的容器结构，两滴向上，两滴向下，形成了水的动态实体。塑料材质的选择不逊色于玻璃瓶，设计形式既优雅和谐，又舒适大方。由于视觉上的错觉，使标签、标志、瓶子的结构、透明度、材料、颜色、倒影和水形成了一个不可分割的统一的整体。

图 4-5　KUM-KUM 矿泉水包装 | 美国

◎ 4.2.2　包装创意设计的流程

我们可以按照相应的流程来规范包装创意设计，这个流程与其他视觉设计的流程类似，其结构过程紧密相连，有较强的整体性，按照先后顺序大致可以分为以下几个阶段。

4.2.2.1　确定目标定位

首先要确定包装创意设计的目标、定位，这就要求设计师综合品牌、产品、市场等多方因素，对产品包装进行定位论证分析，以市场为导向，以商品销售为目标，目的在于满足消费者对于商品包装的物质与精神需求，从而有效地促进商品销售。包装设计的定位尽量以视觉符号的形式界定创意的基本目标和原则，该视觉符号尽量概括、准确、清晰（图4-6）。

图4-6　Omacchaya 茶具包装 | 日本

4.2.2.2　搜集整理信息

在创意目标定位的基础上，需要设计师运用发散思维，从多角度、多维度搜集该产品以及市场竞争产品的创意信息。目前信息搜集的方式可以采用线上与线下两种方式：线上即依托互联网技术，通过手机应用、官方网站等媒介进行信息收集；线下即以传统的走访调研为主，搜集相关资料信息，同时对所收集资料信息进行相应的分类整理，以便于后续的创意设计。

4.2.2.3　形成设计灵感

在信息收集的基础上，设计师要对相应的包装信息进行整理、分析、归纳，并在梳理过程中充分运用创意思维的模式，针对所归纳的有效信息进行发散、联想、组合，通过不同思维发散点的碰撞激发创意的灵感，这种灵感的创意点需要与商品和品牌的特性吻合，同时在这一过程中探究更多的创意性可能（图4-7）。

图4-7　ALGINA 蜂蜜包装 | 希腊

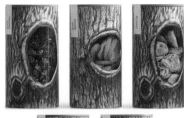

图4-8　Pchak 干果包装｜亚美尼亚

4.2.2.4　梳理设计创意

　　对前期所形成的设计灵感，需要设计师从理性功能的角度进行确认、梳理，进而形成有效的包装设计创意。设计灵感具有较强的偶发性和随机性，多为自由发挥，缺乏理性的梳理，难以形成设计创意的升华，因此需要进行有效的梳理。设计师对包装设计创意梳理确认后，要以草图的形式进行准确、清晰的创意描述，并阐明创意的概念和执行计划（图4-8）。

4.2.2.5　验证创意目标

　　验证创意目标是通过商品、品牌的定位对创意点进行验证，可以从创意是否符合商品的功能需求，创意是否能够引发消费者的购买行为，创意是否符合商品的价值需要，创意是否符合商品品牌定位，创意是否符合包装材料结构设计，创意是否有利于后期加工工艺的实施等层面来进行，同时还要考量是否达到了预期的目标和要求。并依据所得出的评价分析，对创意进一步完善，以确定一个符合各种需求的最佳创意方案（图4-9）。

图4-9　I LOVE ESKIM 冰淇淋包装｜亚美尼亚

4.3 包装创意设计的要素

◎ 4.3.1 定位

确定商品正确的定位是包装创意设计的前提，这需要设计师把商品的包装设计放置于宏观的市场经济体系中，综合运用市场学、符号学、心理学、经济学、人机工程学等相关知识，将搜集到的商品信息进行梳理、分类、归纳、整理，并结合品牌、商品的诉求探索出准确的包装创意设计定位。这个定位既要区别于其他同类产品，还要展现产品自身的独特个性。

例如hera保健品包装（图4-10）首先从产品的属性功能定位出发，为确保产品的品质与效能，使用科学、经济的塑料瓶装密封的形式进行包装。在设计定位上，为增加产品亲和力采用水果色彩进行视觉化的表现，结合无衬线字体的有序排列形成有温度的视觉感受，给消

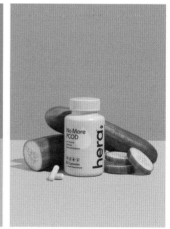

图4-10　hera 保健品包装 | 印度

费者留下深刻的印象，将品牌也深深地刻印在消费者的
心里。

◎ 4.3.2　信息

包装设计是基于包装的立体形态结构向消费者传达
信息的设计方式，因此，创意的最终目的是向消费者有
效地传递信息，然而商品信息需要通过对创意与设计进
行有效的梳理与传达，帮助消费者快速识别与接收信息，
所以设计师需要根据信息的层级分析，有效安排信息在
包装结构中的空间布局。商品包装的信息一般应包括以
下内容：商品名称、品牌名称、宣传口号、商品质量、
商品介绍、注意事项、成分含量、商品批号、生产日期、
保质期、条形码、防伪标识、环保图标、生产商名称、
联系方式等（图4-11）。

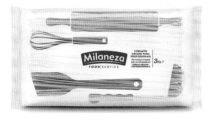

图4-11　Milaneza 食品包装丨葡萄牙

◎ 4.3.3　视觉

包装信息的传达与接收是通过视觉手段进行的，目
前商品售卖形式多以货架展示陈列为主，这就造成了琳
琅满目、品牌繁多的商品包装常常令人应接不暇，消费
者通过视觉产生购买行为的自主性大大增加。如何通过
视觉有效促进信息的传达与接收，成为包装设计创意需
要考虑的重要因素，可以通过提高产品包装视觉性的方
式引起消费者的注意，通过独特的包装形态结构、新颖
的视觉形象、强烈的色彩对比等手段促进消费者产生购
买欲望。例如CAIRO是一个源自西班牙的香水品牌，
设计师在包装的视觉造型以及材质上做创意，以织物领
结与玻璃、纸张等材质的搭配，形成极简主义和象征性
的手法，表达出太阳、黄金、城堡等意向概念，给人眼
前一亮的视觉感（图4-12）。

图 4-12　CAIRO 香水包装｜西班牙

◎ 4.3.4　个性

随着生产力的发展，物质生活的丰富，人们对商品的需求不仅仅停留在购买的层面，对商品包装的个性化需求愈加明显，催生了个性化消费的潮流，逐渐形成一种社会性的文化特征。商品所针对的消费人群不同，形成了商品包装的个性化，所以设计师在对包装进行创意设计的过程中，应该充分考虑商品的个性传达，避免呆板、毫无个性的表达。如 Vital Water 功能饮料包装摒弃了普通饮料的瓶装形式，进而采用类似医疗液体的袋装，象征产品的功能性，形成鲜明的包装个性（图4-13）。

图 4-13　Vital Water 功能饮料包装丨韩国

◎ 4.3.5　生态环保

图 4-14　巫女の湯温泉粉包装丨日本

随着经济的发展，人类对自然生态的关注度越来越高，包装的设计、材料、技术对于环境的考虑越来越深入。在包装设计中尽量选择天然材料或环保可再生材料，有效降低对环境的破坏，同时在包装中表现天然材料的肌理与质感成为现代生态环保观念的具体体现。现代包装设计的材料与技术多采用自然界中的材料，或者采用再加工的形式，这一做法旨在唤醒消费者内心对于自然生态美的体验。如日本巫女の湯温泉粉在包装上采用了环保生态石材与木材两种材料，同时这两种材料也是日本洗浴文化中的典型元素，造型新颖独特，具有较深入的环保考虑（图4-14）。

◎ 4.3.6 功能

包装具有保护商品、便于运输的基本功能，同时对于消费者来说还有使用功能上的便捷。因此，在进行包装的创意设计时要考虑到包装开启、使用的科学合理性，进而帮助消费者产生良好的体验。优秀的包装功能取决于包装结构形态的创新性和合理性、包装制作工艺的精致程度等因素，设计师应根据设计目的及成本要求，合理选择包装材料和加工工艺，使用户在使用中感受到愉悦和方便。例如意大利TROTTLE面食在包装设计上充分考虑到功能性的表达，首先采用透明塑料做外包装，可以使消费者清晰识别产品的形状、特点、颜色等信息，其次在包装的打开方式上进行特殊设计，简便易用，形成很强的功能性表达（图4-15）。

图4-15　TROTTLE 面食包装
　　　　意大利

◎ 4.3.7 审美

包装设计作为艺术设计的重要表现形式，在表达形式上要遵循艺术审美法则，合理使用文字、图形、色彩与材料结构、印刷工艺以形成对比、统一、和谐的形式美，通过对文字、图形、色彩等各元素之间关系的视觉调整，达到设计的意图和目标。包装设计的审美，应该是从内容到形式的和谐，从情感到理智的和谐，从思想到技巧的和谐，不仅有助于品牌商品消费文化的构建，同时也要给消费者带来美的熏陶和享受。例如NAKED BLUE 酒包装（图4-16）在容器造型上进行了曲线化的处理，形成上窄下宽的形态，不仅有利于稳固包装商品又形成特殊的视觉感，在包装的颜色上采用浅蓝到深蓝的渐变处理，给人以深邃沉静的视觉感受，同时结合瓶身反白的图形与文字，形成别样的审美感受。

综上所述，包装设计的创意是由多方面因素共同构成的，其中各个因素互相影响形成催化作用，不仅可以增进商品与消费者之间的联系，加深用户的良好体验，同时还可以通过优化商品的视觉信息进而陶冶消费者情操，助推商业文化健康发展。

图4-16　NAKED BLUE 酒包装｜波兰

4.4 案例分析

◎ 4.4.1 APIVITA 化妆品包装设计

设计：Lyhnia S.A.

完成时间：2020 年

APIVITA 意指蜜蜂的生命，1979 年创立于希腊，针对面部、身体与发丝，提供天然高效的护理产品。该品牌采用营养价值高的蜂蜜和希腊当地草本植物，结合绿色科技的环保意识，依照各种肤质需求生产全方位的肌肤护理产品。

在这个包装项目设计上，设计师根据 APIVITA 品牌的含义，将包装礼盒设计制作成蜂巢的六边造型（图 4-17），包装礼盒选择黑色亚光材质，通过中间开合的方式开启。产品以尊贵礼品的形式呈现给消费者，形成尊贵、华丽的仪式感，暗喻最好的产品奉献给消费者的理念，同时产品个包装采用蜂蜜的金色作为主色，与外包装盒的黑色形成高贵典雅的色彩搭配。此款包装礼盒将品牌与包装有机融合在一起，使二者保持有效的平衡，同时又形成互为补充的效果。

图 4-17 APIVITA 化妆品包装设计
希腊

◎ 4.4.2 Canonpharma generic 药品包装设计

设计：Repina Branding Agency

完成时间：2020 年

药品作为人们日常生活中不可或缺的组成部分，也是包装设计的重要内容。Canonpharma generic 药品包装的设计师创造性地研发了系列的数字、颜色系统，巧妙地方便了患者或是药剂师对于药品的识别认知（图4-18）。

该包装设计项目将药品按照药理学分类并设定独特的标准色系统，使人们可以通过颜色形成有效的识别，同时将药物的类别、使用说明等信息以数字清单的方式呈现出来，小数点前面的数字表示该药品在药理学类中的药物编号，小数点后面的数字表示该药品的使用剂量，通过这个方式使医院药剂师或者病人对该药品的属性与使用剂量一目了然，具有强烈的包装识别功能。在数字外观的设计上将象征药品类别的数字做放大处理，将代表药品剂量的数字缩小，两种数字在字号上呈现倍数关系，使药品信息清晰易读，同时数字局部增加圆弧视觉处理，弱化了数字的硬度，形成独特的品牌识别性，给人以关怀备至的心理暗示。

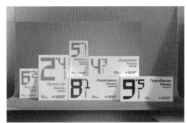

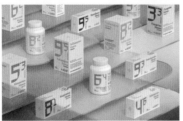

图 4-18 Canonpharma generic 药品包装设计 | 俄罗斯

思考题

◎ 包装创意设计的基本要求有哪些？

◎ 包装创意设计的方法和程序有哪些？

◎ 包装创意设计的要素有哪些？

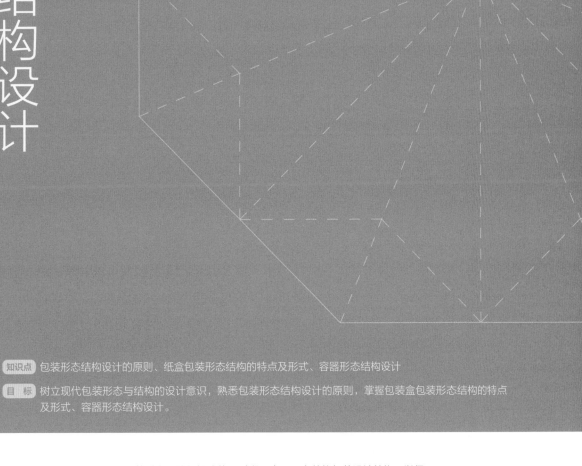

第5章

包装形态与结构设计

知识点 包装形态结构设计的原则、纸盒包装形态结构的特点及形式、容器形态结构设计

目标 树立现代包装形态与结构的设计意识，熟悉包装形态结构设计的原则，掌握包装盒包装形态结构的特点及形式、容器形态结构设计。

　　包装的形态结构决定着包装对商品的保护功能，科学、合理、完善的包装设计结构可以保证商品从生产运输到展示陈列到使用的安全性。结构属于包装设计特有的属性，优秀的包装设计结构既能很好地对商品起到保护作用，还能为视觉设计表现营造合理的空间。

5.1 包装形态结构设计原则

◎ 5.1.1 保护原则

现代包装设计的形态结构是基于保护性原则来构建的，一方面体现在对商品的保护，主要体现在运输与售卖环节对商品的外观、性能、品质等层面的保护；另一方面体现在对消费者的使用保护，主要体现在商品使用过程中对消费者人身安全的保护，以及使用起来简便快捷。保护性属于包装形态结构设计的基本性能，如鸡蛋包装设计中，包装形态结构的保护功能是至关重要的，不仅要实现包装的防震、防撞，还要力求消费者使用时安全方便（图5-1）。

图5-1　ПОЛЯНКА 鸡蛋包装｜乌克兰

图 5-2　AQUA 矿泉水包装丨西班牙

◎ 5.1.2　便捷原则

现代包装形态结构设计的便捷原则，主要是针对包装对于消费者能便利使用而言，如酒类包装的合手性、开启性设计，食品类包装的开口方式等。这些结构上的便捷性设计在很大程度上能吸引消费者的注意，又能极大地丰富包装的参与性。如图5-2为AQUA矿泉水包装，设计师对包装容器的瓶颈进行特殊处理，瓶肩部结构适合人体手握的形态，同时容器结构采用条状的起伏结构增加了容器使用的便捷性，这种造型设计既保护了产品又增加了产品使用的便捷性。

◎ 5.1.3　独特原则

现代包装形态结构设计的独特原则是指在造型结构上具有创造性的区别。造型独特的包装形态结构往往比普通的包装更能引起消费者的注意，进而起到很好的宣传推广作用。如图5-3的化妆品包装，通过优雅的弧线与几何的直线相结合，打造产品的独有气质。在结构上设计师对容器顶部做波浪式处理，形成独特的视觉造型，给人以独特、别致的感觉，很好地诠释了包装形态结构设计的独特原则。

图 5-3　君のを応援化妆品包装丨日本

5.2 纸质包装形态结构设计

现代包装设计所使用的材料多种多样，其中纸质包装材料具有经济性、环保性、适用性等特点，可以被制作成任意形态，与其他材料结合使用能够很好地满足人们对包装结构的需求，成为现代包装形态结构使用率最高的材料。纸质包装设计通过折叠、粘贴的方式将纸张与商品紧密联系在一起。优秀的纸质包装形态直接影响商品的稳定性、保护性，还能起到积极促销效果。

◎ 5.2.1 纸质包装的特点

纸张作为现代包装设计中最常用材料，普遍适用于商品纸盒包装制作（图5-4），相较于金属、塑料、玻璃等材料具有成本低廉、轻便性好、可塑性强、适应性广、容易回收、适合大批量生产等优点，纸质包装材料可以充分发挥纸张良好的可塑性与印刷性，结合多种印刷加工工艺，将包装设计的魅力充分表现出来。同时纸质包装也具有易损坏、易腐蚀、强度差、承重差的缺点，尤其是纸张在折叠过程中容易破损，目前已经开发出瓦楞纸、牛皮纸、玻璃卡纸等耐折叠、适于印刷的纸张类型。

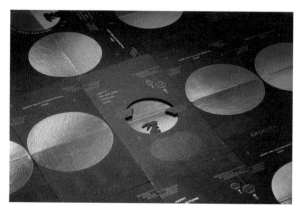

图 5-4　Bracom 月饼包装｜越南

◎ 5.2.2　纸盒包装的分类

纸盒包装按照加工方式分为折叠式、粘贴式两种。

折叠式纸盒是一种可塑性极强的经济型包装容器，应用最为广泛，是变化形态最丰富的包装形式，按照成型方式可分为管式折叠纸盒、盘式折叠纸盒、管盘式折叠纸盒、非管非盘式折叠纸盒张四种类型。管式折叠纸盒主要是指在成型过程中，盒底与盒盖都需要以摇翼折叠组装的方式固定封口（图5-5）。盘式折叠纸盒的盒盖位于面积最大的盒面上，其主要特征在于以底面为中心，向四周延伸以直角或斜角折叠成型，四周与底面紧密相连（图5-6）。管盘式折叠纸盒是指由一张纸成型，采用管式盒旋转成型的方法来形成盘式的盒体。非管非盘式折叠纸盒多为间壁式包装，既不采用管式由盒面绕轴旋转成型的方式，也不采用盘式底面与四周呈直角或斜角形式，而是采用对移成型的方式，纸盒主体结构沿纸板上的裁切线左右两端相对水平移动一定距离。

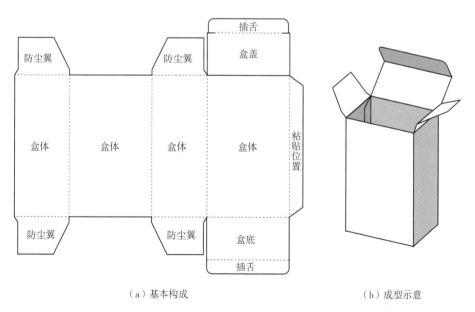

（a）基本构成　　　　　　　　　　（b）成型示意

图5-5　管式折叠纸盒基本构成及成型示意

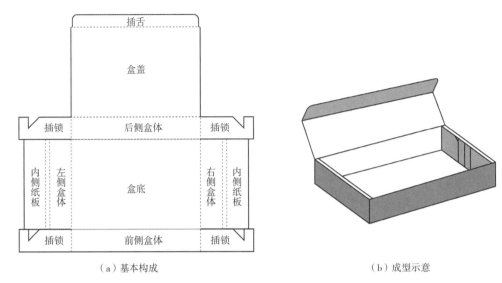

（a）基本构成

（b）成型示意

图 5-6　盘式折叠纸盒基本构成及成型示意

　　粘贴式纸盒可分为管式、盘式、管盘式三种。管式粘贴纸盒是指四周盒体与盒底分开成型，即盒体由四周盒面与盒底两部分组成，在外侧粘贴纸张以固定结构、装饰外观（图5-7）。盘式粘贴纸盒是指四周盒体与盒底由一张纸板成型，外侧粘贴纸张（图5-8）。管盘式粘贴纸盒是指在双壁或宽边结构中，盒面与盒底由盘式方法成型，而盒体内面用管式方法成型。

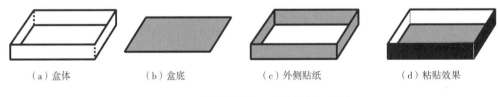

（a）盒体　　　　　（b）盒底　　　　　（c）外侧贴纸　　　　　（d）粘贴效果

图 5-7　管式粘贴纸盒基本构成及成型示意

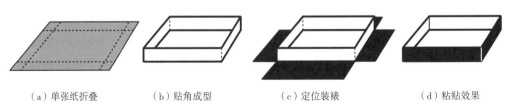

（a）单张纸折叠　　　（b）贴角成型　　　（c）定位装裱　　　（d）粘贴效果

图 5-8　盘式粘贴纸盒基本构成及成型示意

◎ 5.2.3 纸盒包装设计要点

纸盒包装的造型结构要注意以下几个因素。

5.2.3.1 设计制图符号

包装设计因材料、印刷、工艺的特殊性，需要在设计、印刷制作过程中采用一系列规范化的制图符号（表5-1），以确保纸盒包装结构可以准确地制作。

表5-1 包装设计制图符号

类型名称	用途功能	符号样式
单实线	轮廓线、裁切线	——————————
双实线	开槽线	＝＝＝＝＝＝＝＝
单虚线	内折压痕线	··············
点划线	外折压痕线	— · — · — · — ·
两点点划线	外折切痕线	— ·· — ·· — ··
三点点划线	内折切痕线	— ··· — ··· —
点虚线	打孔线	············
波折线	软边裁切线、瓦楞纸剖面线	∧∧∧∧∧∧∧∧
波浪线	撕裂线	ＬＬＬＬＬＬＬＬ

5.2.3.2 纸张的厚度

纸张本身具有一定的厚度，包装纸盒所用的纸张克重一般在200g以上，相应的纸张的厚度就会增加，因此在纸质包装盒的折叠中，需要充分考虑纸张厚度，如果不考虑这个重要因素就会造成盒盖与盒体不能吻合等结构尺寸不够严密的问题。在实际设计、印刷制作过程中，应使用印刷纸张进行实物折叠检验，以检验包装盒的结构尺寸是否合适。按照包装纸盒常用的折叠、粘贴成型方式，纸张厚度误差一般在纸张厚度的2倍左右，但在实际操作中应根据纸张的伸缩性、厚度等特性考虑。如图5-9中，盒盖A与盒体B的长度在设计上应该相

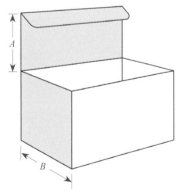

图5-9 纸张厚度对纸盒结构的影响
注：在设计中A与B的数值一致，但是在实际印刷制作过程中，考虑到纸张厚度、温度等因素，实际A会略小于B，以保证盒体结构的吻合。

等，但在实际印刷制作过程中，就要考虑纸张厚度影响纸盒结构等因素，在印刷制作中盒体 B 的长度一般略长于盒盖 A 的长度，差距大概为纸张厚度的 2 倍，这样才能确保印刷制作的纸盒结构可以较好地吻合。

5.2.3.3　纸张肌理

由于纸张在生产制作时，纸浆呈流体状，使得纸浆纤维的排列方向与抄纸机方向一致，因此，纸张的纵向与横向纹理会产生差异。而在实际印刷制作时，由于印刷机的压力会使纸张向纵纹方向伸展，而在横纹方向上产生收缩，所以纸盒折叠、粘贴时要考虑纸张的纹理方向，以免造成造型的不平整、尺寸的偏差、盖不上等情况。同时纸张肌理还会对印刷油墨的附着产生一定的影响，故印刷时需要及时与技术人员沟通，通过纸张裁切、印刷调整来实现纸张肌理的合理使用。

5.2.3.4　咬合关系

由于包装纸张大多是由植物纤维为原材料制作而成的，所以纸张本身具有较强的伸缩性，对于环境的温度、湿度有着一定的要求。同时纸盒盒盖与盒体的咬合很容易受外部环境湿度、光照等因素影响，而出现咬合不紧自动打开的现象，为了避免这种情况的发生，通常会在咬舌的压痕处将两端进行局部切割，进而实现咬合关系的紧密与牢固（图 5-10）。

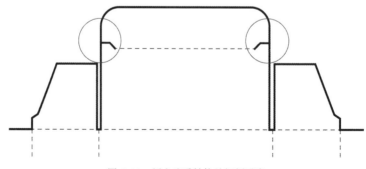

图 5-10　纸盒咬舌结构处切割示意

5.2.3.5 插锁形状

在设计纸盒结构时除了咬合结构外，我们还经常使用插锁结构实现纸盒结构的稳固与连接。插锁结构往往是由两个相对应的部分组合成锁状结构，进而有效增强纸盒结构的紧密性。需要注意的是，我们经常将插锁两端相结合的部分做特殊形状切割，这样会使插锁形成紧密咬合关系，使纸盒结构更加牢固（图5-11）。

5.2.3.6 接口位置

现代纸盒包装经常采用接口粘贴的方式成型，考虑到纸张的厚度与压痕厚度，所以纸盒粘贴接口的位置如果放在咬合接口处会造成纸盒局部的厚度增加，从而影响包装的整体形态，所以一般涉及粘贴接口的都会避开咬合接口处（图5-12）。

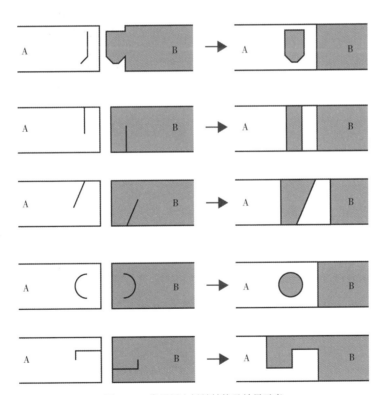

图 5-11　常用纸盒插锁结构及效果示意
注：A、B为插锁的两个结构部分，A和B按照不同的工艺形式插锁形成不同的稳固结构形态。

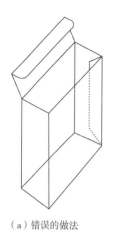 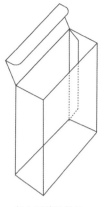

（a）错误的做法　　　　　　（b）正确的做法

图 5-12　纸盒接口位置与粘贴的处理方法

5.2.3.7　覆膜压痕

包装中纸盒大多是通过纸张折叠的方式产生的，虽然现代纸张工艺已经有了很大的进步与发展，但由于包装用纸张厚度一般较大，所以在折叠过程中经常会出现纸张断裂的情况。为了避免纸张裂纹的产生，经常在印刷后对纸张表面进行覆膜加工，然后根据设计需求采用压痕的方法，使外向的角收缩变为内向的角收缩，这样可使纸盒在转折时不伤及纸的纤维，并能保持弹性（图5-13）。

图 5-13　Ratri 香薰包装（纸盒压痕成品效果）| 韩国

5.2.3.8　纸盒成型方式

纸盒结构的成型方式通常可以分为两种。一种方法通过折叠纸张，结合咬合结构稳定纸盒结构，用这种方法折成的纸盒外形美观、经济实用，因为不涉及粘贴或装订等工艺，可大大节省后期人工成本。但需要注意避免复杂的结构造型，否则会使纸盒折叠成型变得烦琐，从而降低效率（图5-14）。

另一种方法是利用粘贴与打钉的方式保证纸盒包装的结构稳定。为避免结构过于复杂，经常先在折叠的基础上使用粘贴的方式，然后使用粘贴或打钉工艺，缺点是成型后不能再折叠成平板状，只能以固定形态储运（图5-15）。

图 5-14　ECO BOTTLE 运动水壶包装（折叠纸盒效果）| 美国

图 5-15　GET ME 珠宝包装（粘贴纸盒效果）丨巴基斯坦

◎ 5.2.4　折叠纸盒结构

折叠纸盒作为纸盒包装中应用最广的形式，具有成本低、强度高、变化多、生产方便、运输便捷等特点。常用折叠纸盒结构为管式纸盒结构和盘式纸盒结构。

5.2.4.1　盒体结构

盒体结构的变化决定了纸盒的造型结构特点，盒体结构可以按照纸盒包装的分类分为管式、盘式、管盘结合式和非盘非管式，其中管式与盘式属于常用的盒体结构，是我们研究纸盒包装的主要领域。管式纸盒结构最大的特点是盒身为筒状，且盒体只有一个粘贴口，盒盖与盒底均采用摇翼折叠组装固定的形式来封口；盘式则是指盒体呈盘状，其结构特点在于由盒底四个边向上延伸出盒体的四个面及盒盖，盒底四周为咬合或粘贴结构，高度一般不高，展开后展示空间较大。

折叠纸盒盒体结构主要有以下几种呈现方式。

（1）摇盖式

摇盖式的主要特点在于盒体、盒盖为一体成型，主盒盖向下盖住盒口，一般通过插锁咬合结构固定，两侧设有摇翼。摇盖式形式简单、应用广泛（图5-16）。

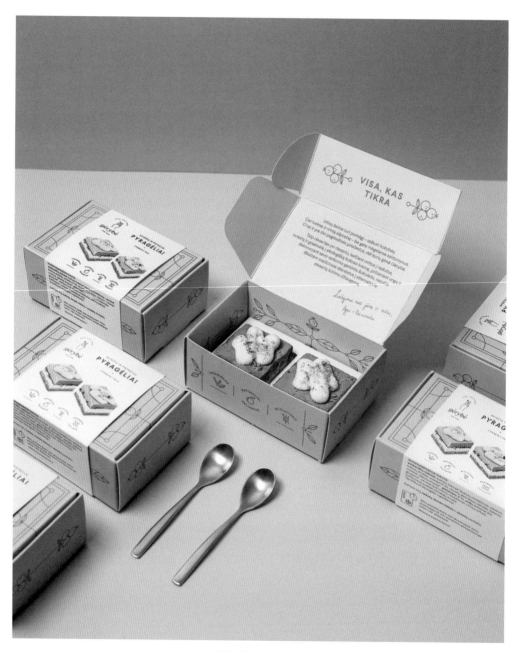

图 5-16　Gėrybė 蛋糕包装（摇盖式盒体效果）| 立陶宛

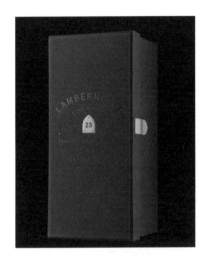

图 5-17　LAMBERHURST 酒包装
　　　　（套盖式盒体效果）｜美国

（2）套盖式

套盖式结构俗称"天地盖"，结构与摇盖式有着明显的不同，盒盖与盒体为两个单独的结构，以套口形式封闭。虽然套盖式在结构与工艺上略复杂，但能给人以稳重、富贵的效果，多用于礼品包装的使用（图5-17）。

（3）镂空式

镂空式盒体结构是指通过模切工艺将盒体镂空，使商品直接展示给消费者，给人们以真实可靠的视觉信息。镂空的形式有多种多样，可以是盒体局部镂空、盒盖镂空等，镂空位置可采用PVC材料予以封闭，避免商品直接接触空气（图5-18）。

（4）手提式

手提式结构从手提袋演变而来，通过纸张折叠形成提手的特殊结构，可附加其他材料共同使用，这种结构多用于礼品、食品的包装，如蛋糕纸盒包装多采用手提式结构设计（图5-19）。

图 5-18　儿童食品包装（纸盒镂空效果）｜俄罗斯

图 5-19　The Cake Crew 蛋糕包装（手提式盒体）丨英国

（5）连锁式

连锁式结构是指利用同一纸张制作出两个或两个以上相同的纸盒结构，再组合连接在一起形成一个整体。此类结构适合体积较小的系列性商品。

5.2.4.2　纸盒间壁结构

间壁结构主要应用于包装内部，可以固定纸盒包装内的商品，有效缓冲商品的碰撞、颠簸等。同时对于有数量要求的商品，可以利用间壁结构做出科学合理的安排与布局。为了满足不同商品、不同数量、不同排列的需求，间壁结构可以演变出不同的结构形式，但根据实际应用可以分为自成间壁结构和附加间壁结构两种情况。

自成间壁结构是指利用同一纸张折叠形成的结构，盒体与间壁结构为一体，纸张材质没有变化；而附加间壁结构恰恰相反，是指该结构与盒体并未连接在一起，而是通过后期附加而成，可以有纸张材质上的变化。间壁结构适用于礼品类包装或易碎品的包装，如茶叶、鸡蛋、灯泡、酒水（图5-20）等商品包装。

5.2.4.3　纸盒盒底结构

盒底结构在包装设计中容易被人忽视，但是由于盒底起着承载、抗压、防震等作用，所以在包装结构设计

图 5-20　NYETIMBER 酒包装（间壁结构效果）｜英国

中是不可或缺的环节。设计师应该根据商品的属性、大小、质量等因素来选择科学合理的盒底结构。纸盒包装的盒底结构可以分为以下几类。

（1）咬合式

咬合式盒底是指纸盒底部的摇翼设计成咬合结构，其特点是结构简单，便于制作，如图5-21所示。此结构一般只能盛装尺寸较小、质量较小的产品，而且随着盒底面积的增大，承重会越来越小。

（2）插锁式

插锁式结构是通过盒底四个摇翼相互插接咬合，同时结合咬合式形成稳定的纸盒底部结构，如图5-22所示。插锁式结构简单，稳定性好，但对纸张材质有一定的要求。

（3）粘贴式

粘贴式盒底是指纸盒底部两侧通过粘贴形式形成稳定结构，其特点是用纸较少、易于制作，盒底承重性相对于咬合式盒底要好，较耐用（图5-23）。

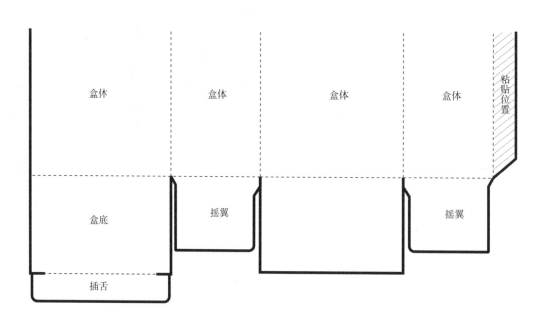

图 5-21　咬合式盒底结构示意

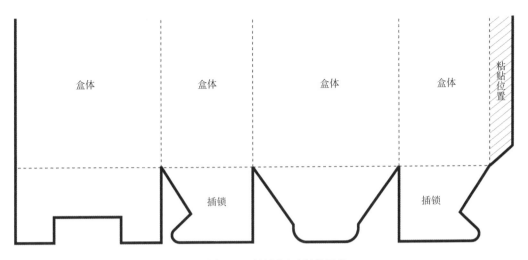

图 5-22 插锁式盒底结构示意

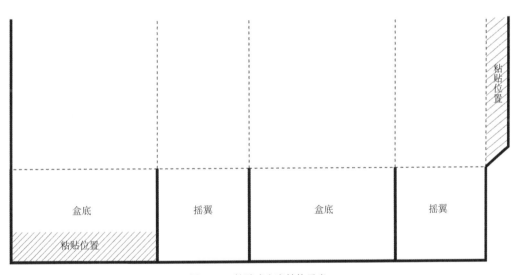

图 5-23 粘贴式盒底结构示意

（4）间壁式

间壁式盒底是指将纸盒底部摇翼部分设计成具有间壁功能的结构，组装在盒底形成间壁，可以将纸盒内部空间等分，可有二、三、四、六、九格的不同间壁形态，在有效固定商品的同时，还可以大大增加盒底结构的稳定性（图5-24）。

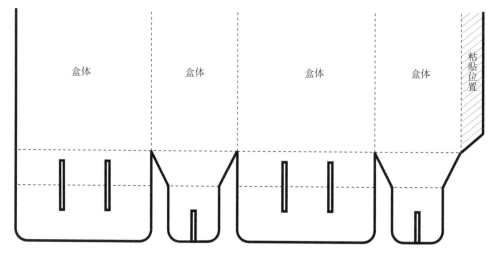

盒体　　盒体　　盒体　　盒体　　粘贴位置

图 5-24　间壁式盒底结构示意

5.2.4.4　纸盒插合结构

在纸盒包装的结构设计中往往不使用粘贴的形式来固定结构，而是采用插合结构来固定纸盒成型。插合的结构多种多样，按照插合两端形状大致分为穿插式与扣插式两种。穿插式结构的两端切口形状完全一致，只是切口位置不同，是两端相互穿插以固定的结构；扣插式结构的两端切口不同，位置也不同，其特征是一端扣插入另一端切口内。

◎ 5.2.5　粘贴纸盒结构

粘贴纸盒又称裱糊纸盒，是指将纸板、纸张、织物等材质，按照设计方案进行粘贴裱糊固定成型的形式。其结构形式较为丰富，工序较复杂，成本较高，多适用于礼品包装。按照粘贴结构的形态可以分为罩盖式、抽屉式、推拉式、摇盖式等。

5.2.5.1　罩盖式

罩盖式结构是粘贴纸盒结构最为常见的结构形式，按照盒盖与盒身的关系，罩盖式粘贴纸盒分为上下盖式

图 5-25　TOUS les JOURS 月饼包装
　　　　（罩盖式上下盖结构粘贴纸盒
　　　　效果）｜韩国

和天地盖式结构。上下盖式结构的盒盖高度小于盒身高度，不能整体覆盖盒身表面，对盒身上半部具有很好的固定保护作用。天地盖式结构的盒盖与盒身高度相等且完全覆盖住盒身，封闭整个盒体表面，形成盒盖与盒体完全紧凑的两层保护，具有较高的抗压能力，多适用于精密电子产品、茶叶、食品礼品（图5-25）的包装设计。

5.2.5.2　抽屉式

抽屉式结构的特点在于盒盖与内部盒体分离制作，形成抽屉式的抽拉结构关系，具有节省空间、新颖独特、使用方便等特点，适用于食品类、茶叶类、服装类（图5-26）包装设计。

5.2.5.3　推拉式

推拉式结构的盒盖与盒身分离，盒身多为纸板裱糊，硬度与挺度较好，其中三面盒体为粘贴盒体，盒盖为特殊推拉结构，盒盖也可用纸板、亚克力、塑料软片等材质。推拉式结构、制作均较烦琐，多用于高档礼品包装设计（图5-27）。

图 5-26　SOXY 袜子包装（抽屉式粘贴纸盒效果）｜韩国

5.2.5.4　摇盖式

摇盖式结构的盒身与盒盖在一侧粘贴连接在一起，制作简单、灵活性强，具有开合方便的特性（图5-28）。

◎ 5.2.6　特殊纸质容器结构

除了上述的折叠、粘贴纸盒结构之外，纸质包装容器还有很多类型，都属于包装结构设计研究的范畴。特殊形态纸质容器结构的设计应注意尽量减少粘接和插接，同时易于组装成型，且其结构尽量适应压平折叠。

5.2.6.1　纸袋结构

纸袋作为包装设计中最常使用的结构形式，其结构形状变化较为丰富，常见的有信封式纸袋、平袋、角撑袋、方形纸袋、手提式便携纸袋、筒式纸袋等多种形式。纸袋包装按照用纸的层数可以分为单层、双层、多层结构，按照封口形式可以分为敞口式、缝合式、粘贴式、阶梯式等（图5-29）。

图 5-27　KOMSCO 礼品包装（推拉式粘贴纸盒效果）｜韩国

图 5-28　CLINIQUE 化妆品包装（摇盖式粘贴纸盒效果）｜韩国

图 5-29　БРАШНО 面粉纸袋包装 ｜ 塞尔维亚

5.2.6.2　纸罐结构

纸罐结构是指使用纸板制成筒状或方形容器，结合其他材料制成盒盖，形成密闭空间较好的罐体，一般在罐体内部附着防水材料以保持纸罐的稳定性，具有质量轻、不生锈、价格低的特点（图5-30）。

5.2.6.3　纸杯结构

纸杯结构通常杯口直径大于杯底直径，便于叠加储运，多盛装乳制品、冷饮、茶饮等产品。其纸质采用石蜡涂布或聚乙烯涂布工艺，增强纸杯的防水性和结构的稳定性。

图 5-30　CENTENARIOS 咖啡纸罐包装 ｜ 哥斯达黎加

5.3 容器形态结构设计

容器作为包装设计中不可缺少的构成部分，主要是指经过特殊加工处理形成具有特定使用功能的器物。容器形态结构设计应以保存、储运、使用等功能为基础，同时还要注重审美价值、个性识别的体现，进而有效传达商品信息等内容。

◎ 5.3.1 容器形态结构设计的原则

5.3.1.1 属性原则

属性原则是指包装容器造型设计需要符合商品属性，因为容器造型设计以服务于商品为目的，所以其出发点与创意点都要基于商品属性特征来展开。每种商品的性能不同，其对应包装的材料与容器结构都应有针对性地进行设计。如药品类包装如果长时间受阳光照射会引起药品药性的损坏，所以药品类包装容器应选择不透光的结构或材料；为方便消费者多次开合取用，食品类包装容器的开口会设计得较大，并且易于商品的取用，如果酱、酸奶、蜂蜜（图5-31）等包装；为防止内部液体膨胀，酒水类商品包装会在容器造型上选择防爆或分散受力的结构。

5.3.1.2 保护原则

容器形态结构设计中的保护原则主要体现在以下三个方面：第一，体现在对商品的物理性保护，防止商品因碰撞等外部原因造成的损坏；第二，体现在保护商品不受到化学物质的侵蚀；第三，体现在对消费者使用安全的保护，如酒水类、药品类、化妆品类包装结构

图 5-31 wellmade 松树蜜包装丨土耳其

（图5-32）需要具备密闭性与稳定性，以保护商品的性能稳定。

5.3.1.3　工学原则

因为包装容器要面对的是人，所以设计师应该考虑到容器在使用过程中人体与包装之间的协调关系。如酒类包装要考虑到消费者手持的握感如何，开启结构是否方便，取放动作能否便捷完成，有的酒类包装容器刻意在瓶身增加凹槽或起伏的触感，方便消费者手持等，这些都是包装中人机工程学的体现，也是设计包装容器造型时需要遵循的重要原则（图5-33）。

图 5-32　BALWIERZ 男士日用品包装 | 波兰

图 5-33　Beak Pick 食品包装 | 亚美尼亚

5.3.1.4　视觉原则

容器形态结构设计在保护、易用的基础上，还要充分考虑艺术造型的审美法则。

（1）变化与统一

变化与统一作为造型艺术的基本审美法则，在包装容器结构的设计中也非常重要。包装形态结构的变化代表容器各部分结构的多样性；而统一则是指各部分结构的紧密联系。包装容器既要有局部的结构变化，还要考虑整体的统一美观，力求在变化中求统一，又要在统一中寻求变化（图5-34）。

（2）对比和谐

容器形态结构设计中的对比主要是指通过某一局部结构的差异变化，与整体造型结构形成相应的对照关系，如大小、高矮、软硬、厚薄等关系；而和谐则是强调结构的共同性，考虑到容器形态的线性、体量、色彩等对比，并进行协调统一。如在El Paso伏特加瓶身造型上（图5-35），设计师采用垂直线塑造瓶身坚毅、硬朗的感觉，瓶颈线条起伏较大与瓶身形成鲜明的对比，瓶塞采用深色结合颈部的装饰，形象地塑造出了美国西部牛仔的视觉形象，充分表达出了该伏特加的主题特色。

（3）节奏韵律

在对包装容器进行形态设计时还要充分考虑造型结构的节奏，形成有韵律的美感，避免造型的随机无序（图5-36）。

（4）对称均衡

在包装设计中采用左右、上下对称的结构形式，营造稳定、均衡的视觉美感，容器造型结构的对称可以是动态平衡，形成活泼、灵动、多变的风格，包装造型的均衡应在实际设计中根据商品的属性进行选择（图5-37）。

图 5-34　HÚSAVÍK DRY GIN 酒包装｜英国

图 5-35　El Paso 伏特加包装｜美国

图 5-36　Staro-Mytishchinskiy Istochnik 矿泉水包装 | 俄罗斯

图 5-37　尊尼获加威士忌包装 | 苏格兰

图 5-38　MITOS 酒包装 | 西班牙

　　另外，消费者面对商品时，可以通过结构形式和材料肌理传达出商品的特殊属性，容器的形态结构不同会造成视觉美感的不同，不同材料运用也会增加商品属性的传达。容器的材质也应与商品内容相适应，才可能构成触觉与视觉的统一（图5-38）。

5.3.1.5　材料成本原则

　　包装容器设计应考虑到具体商品的价值与成本，进而选择适合的材料与结构工艺，避免华而不实的包装结构形式。

◎ 5.3.2　容器造型设计方法

5.3.2.1　增减法

增减法是指对包装容器的结构单元进行增减进而形成新的形态结构关系，可以是两个或者两个以上独立结构的叠加，也可以是单一结构的削减。重要的是无论叠加还是增减都要注意整体与局部的面积、比例、线条关系，注意结构层次韵律感的塑造。例如 GOOD SHAMPOO 儿童洗发香波包装（图5-39）上半部通过形态的叠加，塑造成香波泡沫的形态，既表达了商品的属性特点，又具有较好的视觉感，使人印象深刻。

5.3.2.2　仿生法

仿生法是指采取模拟、仿照的形式进行造型的方法，使包装容器造型增加趣味性和艺术表现力。这种仿生可

图 5-39　GOOD SHAMPOO 儿童洗发香波包装 | 俄罗斯

图5-40　はちみつ蜂蜜包装｜日本

以是模拟自然界中的形态，也可以是人工形态，既可以是整体模仿，也可以是局部模仿。仿生法作为包装容器造型的重要方式，其产品应用也深受消费者的喜爱。如蜂蜜包装往往会将容器结构模仿成蜜蜂的形态，生趣盎然，深受消费者的喜爱（图5-40）。

5.3.2.3　凹凸法

凹凸法是指在包装的局部呈现凹陷或者凸起的视觉变化。这种凹凸性的起伏不宜过大，可以有数量、大小、位置、弧度等变化，应符合人体工程学的原理。凹凸法多用于玻璃制品包装容器，如可口可乐、雪碧瓶身弧线和圆点的起伏就是典型的凹凸法（图5-41）。

5.3.2.4　镶嵌法

镶嵌法是指在固定的容器结构上镶嵌其他肌理材质的造型方法，可以增加容器的感染力和视觉层次，使人产生肌理上的差异美感。要注意与原本容器造型的协调统一，尽量避免烦琐、喧宾夺主。在形式上可以有印刷、吊挂、镶嵌、附着等处理方法，进行装饰性的镶嵌后容器结构更富有情趣和感染力（图5-42）。

图 5-41　可口可乐包装｜美国

图 5-42　ALKKEMIST 酒包装｜西班牙

5.4 案例分析

◎ 5.4.1　FUJI 酱油包装设计

设计：Evgeni Kudrinskaya

完成时间：2021 年

FUJI酱油的包装设计带有典型的地域特征，容器的材料选择性能稳定的玻璃，造型上则模仿日本富士山的形态，瓶塞则采用印有FUJI徽标的软木塞，瓶塞的外部用蜡密封。密封蜡在起到密封作用的同时，在包装设计中也扮演主要角色，将两个象征富士山的山口部分加以区别，代表经典酱油（沉睡火山）和热酱油（喷发火山）。在瓶身部分采用特殊工艺将FUJI徽标以浮雕形式刻于其上，并喷涂特殊金属漆。瓶身部分附加特殊材质的支架以稳固结构，同时支架又可以作为食用酱油时的盛装器皿。该包装创意新颖、造型独特、材料选择合理、视觉呈现优异，较好地突出了产品的文化属性、地理属性，同时准确地表达出了产品的属性特征（图5-43）。

图 5-43　FUJI 酱油包装设计 | 俄罗斯

◎ 5.4.2 Splendid 调味饮料包装设计

设计：Akim Melnik Design Studio

完成时间：2021 年

Splendid 是针对墨西哥市场推出的新系列优质提神饮料（图5-44）。目前各国软饮料市场竞争激烈，许多受欢迎的品牌会精心设计营销策略并有大量的预算，而且为新产品设置了很高的标准。因此，包装设计作为一种重要的视觉语言被寄予厚望。Splendid 调味饮料的主要优点是将天然的水与原汁原味的树莓和椰子、黄瓜和黑莓、葡萄和桃子、猕猴桃和杨桃、越橘和西瓜结合。所以，在包装设计上直接将原料作为视觉图像，多汁的水果和浆果浸泡在清澈的水中，逼真、生动的图像在瓶体上创造了连续的图像设计，呈现了一个循环的动态，使消费者既能解决口渴，同时又能品尝成熟的水果。为了突出饮料的清新和插图的简洁，印刷工艺采用了透明胶片，结合潘通色彩鲜艳的高品质柔版印刷。

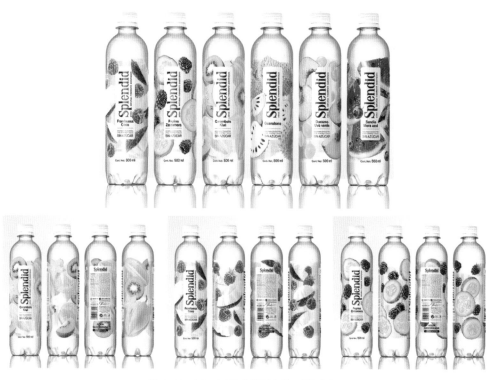

图 5-44 Splendid 调味饮料包装 ┃ 墨西哥

思考题

◎ 包装形态结构设计的原则有哪些?

◎ 纸质包装形态结构的特点与形式有哪些?

◎ 容器形态结构设计的特点与形式有哪些?

第❻章
包装的材料与印刷工艺

知识点 包装的材料、印刷类型、后期加工工艺

目标 树立现代包装设计的材料与印刷意识，掌握包装常用材料的属性特点、印刷类型及特点、印刷后期工业特点及效果。

6.1 包装材料

　　材料作为包装设计的物理性基础，包含容器结构和产品外观两个部分所使用的材料。随着科技的迅速发展，各种人工材料层出不穷，包装材料的选择从以天然材料为主发展到以人工复合材料为主，以满足商品包装设计的需求。了解掌握包装设计常用材料的性能、特性、用途，可以帮助我们很好地实现包装设计的成型。

◎ 6.1.1　包装材料的分类

　　不同类型的材料会赋予包装设计不同的视觉表现力，然而包装材料的类型多种多样，常用的材料有纸张、塑料、玻璃、金属、织物、皮革等。

6.1.1.1　纸张材料

　　纸张作为现代包装设计中应用最为广泛的材料之一，因其易于加工、成本可控、可塑性高、环保性能好等特点，普遍用于纸盒、纸袋、纸杯、包装纸、标签、说明书等的设计，受到人们的普遍青睐。

　　（1）纸张形式

　　根据印刷工艺流程形式差异，包装设计用纸分为平板纸与卷筒纸两种。平板纸又称单张纸，一般是指整开的单张纸，通常以"令"作为单位来计量，平板纸主要应用于一般印刷机；卷筒纸主要是指以卷筒形式进行印刷制作的纸张，此类纸张长度不受限制，计量通常以吨（t）为单位来计算，用纸的质量来表达纸张的数量，普遍适用于转轮印刷机（图6-1）。

　　（2）纸张基重

　　纸张基重又称纸张克重，就是指每平方米的单张

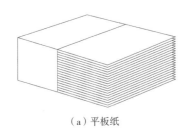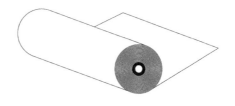

（a）平板纸　　　　　　　　　　（b）卷筒纸

图6-1　平板纸与卷筒纸示意

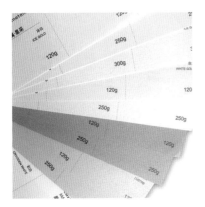

图6-2　印刷纸样中纸张基重表示

纸克重数，如200g的纸张表示的是每平方米单张纸的质量为200g。在进行包装纸张选择时，需要注意的是纸张克重和纸张厚度成正比，纸张克重数越大纸张就越厚，而纸张厚度越大，纸张的硬度、挺度也就相对较好，但所制作的包装的内外差也就相对较大，这个情况要予以充分考虑。一般情况下，包装设计纸张常用克重数为90g、110g、120g、128g、157g、200g、250g、300g等（图6-2）。通常将200g以下的纸张称为"纸"，适用于普通纸盒一类的包装制作，超过这个标准的则称为"纸板"，适用于礼品类粘贴纸盒的制作。

（3）纸张尺寸

包装纸张的尺寸主要是指纸张的大小，单位通常为mm。在进行包装设计时首先要确定包装展开的尺寸，原则上要选用适合商品属性的纸张种类，并且以最经济的形式进行印刷裁切。目前包装印刷纸张的尺寸以整开纸张的尺寸来计算，常用纸张规格分为A、B两类。A类就是通常说的大度纸尺寸，整开纸张的尺寸为889mm×1194mm，按照平均对折裁切等分，可依次裁切A1、A2、A3、A4、A5等不同标准纸张。B类就是通常说的正度纸尺寸，整开纸张的尺寸是787mm×1092mm，同样按照平均对折裁切等分，可依次裁切B1、B2、B3、B4、B5等不同尺寸的纸张类型。除了大度、正度纸之外，还有许多特种尺寸，如700mm×1000mm、640mm×900mm等，多为进口特种纸张的开型尺寸。包装设计稿完成后要根据包装展开图的尺寸要求，对纸张进行相应的裁切。

（4）纸张的种类

按照包装用纸的生产工艺、物理特性，包装设计所用纸张材料主要包括铜版纸、亚光铜版纸、白卡纸、胶版纸、硫酸纸、牛皮纸、防潮纸、再生纸、特种纸、瓦楞纸，以及各种纸板。

铜版纸：又称涂布印刷纸，是指在原纸生产完成后在纸表两面覆盖特殊涂层，能够使印刷后纸张画面细腻、颜色饱满、光泽较好，并具有一定的防水性能。铜版纸具有良好的印刷效果，主要用于多色套版印刷，常用铜版纸可分为单面、双面、压纹、镜面等效果。根据铜版纸纸张基重与性能的不同，比较适用于包装纸盒、提袋、标签等的印刷制作（图6-3）。

亚光铜版纸：又称无光铜版纸，与铜版纸相比印刷后光泽性稍弱，色彩较典雅，但印刷效果比铜版纸更细腻，更富有层次（图6-4）。

白卡纸：正面多为白色且纹理细腻，背面则多为灰色底的纸板，挺度较好，质地较硬，但弯曲折叠时需做压痕处理，否则容易折损，适用于纸盒的印刷或裱糊（图6-5）。

图6-3　友谊食品包装（铜版纸印刷效果）｜刘璐　中国

图 6-4　香薰蜡烛包装（亚光铜版纸印刷效果）｜吴佳桐　中国

图 6-5　锹的橄榄包装（白卡纸盒效果）｜马贞锹　中国

胶版纸：又称道林纸，纸张克量轻，表面粗糙，对于印刷油墨吸收均匀，平滑度好。适于印制单色或多色的产品说明书、标签、包装纸等。

硫酸纸：又称描图纸，有很典型半透明性，属于化学合成纸张。具有纸质纯净、强度高、透明好、抗老化等特点，但印刷过程中对油墨的吸附性和色彩的再现能力差，对于空气湿度与温度要求比较高（图6-6）。

图6-6　生药纪铺包装（硫酸纸印刷效果）｜陈婕　中国

牛皮纸：因颜色不同，分为白牛皮纸、黄牛皮纸两种，纸张韧性较强、价格低廉、性能稳定。适用于制作文件袋、手提袋、商品外包装等（图6-7）。

防潮纸：主要是指油纸、石蜡纸、沥青纸等防水性强、防潮性好的纸张材料，多用于需要防潮保湿的食品、药品的包装（图6-8）。

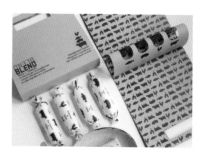

图6-7　BLEND Compound Butter（牛皮纸包装）｜美国

再生纸：作为包装用纸张的新类型，主要是指经过回收再加工的纸张，并且在制作过程中不添加任何化学

图6-8　GRENNA糖果包装（防潮纸印刷效果）｜瑞典

制剂，也被称为绿色环保纸（图6-9）。

特种纸：具有较强视觉表现力，种类多，颜色丰富，尺寸灵活，多在颜色、纹理、质地、触感、视觉效果、特殊工艺等方面区别于普通纸张。可以根据特种纸的艺术特点，以及包装设计的定位、形式风格等特点选用不同的特种纸，较好地表达包装设计特点（图6-10）。

瓦楞纸：由两张平行外纸中间黏合波浪形的瓦楞纸芯组成，具有很高的机械强度，在储运过程中其防震、抗压、防水性能表现优异。可分为单面、双面多层瓦楞纸，主要用于商品外包装箱的制作，在流通、储运环节保护商品（图6-11）。

纸板：一般将克重大于$200g/m^2$，厚度为0.3~1.1mm的纸张称为纸板，此类纸张的强度比较大，容易折叠加工成型，是包装设计纸盒的主要材料。随着科技的进步，采用复合铝箔、聚乙烯、防油纸等材料复合加工制成的复合纸板，具有防水、防油等特点，成为包装设计的主要材料（图6-12）。

（5）纸张的性能

纸张的性能在进行包装设计时往往被人忽略，这就会造成对后期印刷制作效果的把握不够准确。所以在包装设计纸质材料的选择上，设计师应注意对纸张的物理、光学、印刷性能的考量。

图6-9 用土豆制作的环保纸烫金效果

图6-10 SEVEN GROFTS 酒包装（特种纸印刷包装标签效果）｜英国

图 6-11 ASKET 服装包装（瓦楞纸包装效果）| 瑞士

图 6-12 KING & MOUSE 威士忌包装（纸板包装盒印刷制作效果）| 立陶宛

纸张的物理性能主要包括纸张的厚度、平滑度、弯曲度、耐折度、纸张纹理等纸张物理方面的性能。如平滑度适宜的纸张，可以确保印刷油墨的附着性，网点还原的精细性。纸张物理性能中，尤其要注意的是纸张的纹理，在纸张的制造过程中根据制作方向的不同会形成纵向与横向纹理，纵向纹理与横向纹理在印刷效果与制作工艺上存在着很大的差异，为了确保包装的效果，纸张纹理是必须着重考虑的因素。在实际的印刷制作中，需要根据纸张纹理调整印刷用纸的方向，以确保印刷效果丰富，包装结构牢固。

纸张光学性能主要是指纸张的白度、不透明度、光泽度等性能，对于包装设计实物有着较大的影响。纸的白度会影响人们对印刷彩色画面的视觉感受，目前白色纸张多为黄白或蓝白，印刷在黄白纸上色彩效果发亮，颜色普遍偏暖；印刷在蓝白纸上则效果稍暗，颜色偏冷。

纸张的印刷性能是指纸张适配印刷要求的程度，包括平滑度、油墨吸收性、纸张伸缩率等方面。平滑度是指纸张表面的光滑程度；油墨吸收性是指纸张对于印刷油墨的附着吸收程度，油墨吸收性弱会导致印刷成品网点增大、干燥时间较长等问题，如果油墨吸收性强，会造成印刷清晰度降低、图像色调变暗等问题；纸张伸缩率是指经过印刷附着油墨后，纸张的伸缩情况，如果伸缩率过大会因纸张膨胀变形造成包装印刷套印不准、文字图形重影等误差。

6.1.1.2 塑料

塑料是一种人工合成的高分子材料，自20世纪初诞生以来，以其良好的防水性、防潮性、防腐蚀性、耐油性、可塑性、经济性等优势迅速成为现代包装设计的重要材料。但塑料在耐热性、透气性、可回收性、绿色环保等方面存在劣势（图6-13）。

图 6-13 ALOE LOVE 饮料包装（塑料容器包装）｜美国

（1）塑料包装的分类

塑料包装按照用途及使用形式可分为塑料容器与塑料薄膜两大类。塑料容器主要是指以塑料为基础材料，通过工业生产所制造的包装容器，具有强度高、防水隔热等优点，广泛适用于酒水、食品、药品等商品的包装（图6-14）。塑料薄膜主要应用于商品内部材料或包装袋材料，具有柔软性好、防水、防潮、防油性强等特点，广泛适用于食品、化妆品等商品的包装（图6-15）。

图 6-14　DEE-DEE 黑巧克力包装（塑料容器包装）丨泰国

（2）塑料包装的成型方式

塑料包装的成型方式多种多样，主要有挤塑、注塑、吹塑、真空、发泡、吸塑、热收缩、拉伸等，其中挤塑、注塑、吹塑最为常见。

挤塑：挤塑是在机械压力的作用下使塑料受热挤压成型，经空气或水冷却后定型，该工艺方式主要适于管材、片材、棒材或型材的制作。

注塑：注塑是将加热融化的塑料利用压力注入模具中，并经冷却成型的工艺。注塑容器成品具有尺寸精准、表面光滑等特性，但需要事先准备制造模具，具有一定的成本要求，适合大批量生产制造，主要用于制作塑料

图 6-15　Bread Tales 面包包装（塑料薄膜包装）丨印度尼西亚

盒、塑料杯、塑料瓶、塑料罐等包装容器。

吹塑：吹塑是模具中的塑料借助空气压力形成中空塑料制品的工艺。该工艺用于制作中空制品，具有无废料、精度较高的优点，广泛用于制作化妆品、饮料、调料等商品的塑料包装。

6.1.1.3 金属

金属应用于包装设计始于19世纪初期，主要是为了长期保存食物以服务军队。随着科学技术的不断发展，金属包装的机械性能较好、阻隔性能优异、制作精美、易于塑造成型等优势逐渐凸显出来，成为人们喜爱的包装形式之一。以金属为材料的包装容器，按照成型后的形态可以分为罐状、管状、盒状等类型，按照金属材料的不同可分为马口铁、铝材、金属箔、铝合金等类型。

（1）马口铁

马口铁是最早应用于包装的金属材料，现在的马口铁通常采用0.5mm厚度以下的薄钢板电镀金属锡制成。镀锡可阻隔钢板与商品发生化学反应，可广泛应用于食品、喷雾、油漆、日化等产品的包装设计（图6-16）。

（2）铝材

铝材属于包装设计的重要材料之一，其使用虽然晚于马口铁，但因为质地柔软、容易加工成型、质量轻、不生锈、适于印刷等特性，成为金属包装的重要角色，多应用于易拉罐的制造。

铝箔也是金属包装的重要材料，具有阻隔性强、价格低廉、卫生方便、清洁性好等性能，尤其是铝箔具有良好的保温性能，可以防止水、气、光的渗入和穿透，以及防止氧化、变质、微生物、昆虫的损害，多用于需要防霉、防菌、防潮、防虫害的商品包装。随着技术的发展，除了铝箔以外，用钢、铜等金属材料制成的金属箔，具有防潮性、气体隔绝性、遮光性、耐热性与导热性好等特点（图6-17）。

图6-16 PETRA MINTS 薄荷糖包装 ｜ 美国

图6-17 HRYSOS 橄榄油包装 ｜ 希腊

除此之外，铝合金也是包装金属常用的材料，是指以金属铝为基础，加入其他金属元素制成，常用的有铝镁合金或铝锰合金，这两种材料又称为防锈铝合金，具有质量轻、耐腐蚀、可抛光、无毒耐用等特点。

6.1.1.4　玻璃

玻璃属于应用历史悠久的包装材料，是以石英砂、烧碱、石灰石等为主要原料，在高温下煅烧后迅速冷却成型的包装容器材料，具有透明度高、抗腐蚀性好，方便制作、造型自由多样、价格低廉、可反复使用等特点，同时具有容易破损、运输不便、二次加工性差等特点，主要适用于食品、酒类、化妆品、液态化工产品等的包装（图6-18）。

玻璃按照容器的制作方法可以分为人工吹制、机械

图 6-18　Delika 调料包装 | 立陶宛

图6-19　ISLE OF RAASAY 酒包装｜美国

吹制、挤压吹制三种。人工吹制是传统玻璃加工制作方式，采用人工手持真空管，用人嘴吹制，适合制作造型复杂的玻璃制品，多应用于玻璃工艺品的制作；机械吹制是使用机器大规模生产，适用于制式标准、生产量大的玻璃产品；挤压吹制是指将玻璃原料融化并注入模具挤压成型，该方式产量高、价格低、外形较好，但容器壁较厚（图6-19）。

6.1.1.5　木材

木质包装材料是指用于商品保护、运输、支撑的木材，木材具有一定的强度，能承受冲击、振动、重压等，适用范围广、不生锈、耐腐蚀。按照木材的加工方式可分为天然木材和人造板材两种。天然木材是指直接使用自然生长的树木进行加工制作的木材，包括松木、杉木、榆木等；人造板材则指以木材或其他植物为原料，用胶黏合组合制成的板材，如胶合板、刨花板、纤维板等。

胶合板是由木段旋切或由木方刨切成厚度较薄的木片，然后按木材纹理纵横交错重叠，通过热压机加压黏合而成。胶合板层数多为奇数，三层、五层、七层乃至更多的层。胶合板的各层是按木纹方向垂直黏合的，各层可相互弥补由于木材纵横纹所产生的收缩度和强度差异，避免发生翘曲和开裂问题。胶合板包装箱具有耐久和一定的防潮、防湿、抗菌等性能（图6-20）。

纤维板按照制造原料的不同分为木质纤维板和非木质纤维板。木质纤维板是使用木材加工后的下脚料与采伐的剩余物进行加工制作的；非木质纤维板是使用蔗、竹、芦苇、麦秆等原料通过制浆成型、热压等工序制成的人造纤维板。纤维板板面宽平，不易开裂，不易腐蚀虫蛀，有一定的抗压、抗弯曲和耐水性能，但抗冲击强度相比于其他板材较弱，适宜作包装木箱的挡板等。软质纤维板内部结构疏松，具有保温隔热、吸声等性能，

图6-20　Camilo PRIMEIRO 酒包装｜
　　　　白俄罗斯

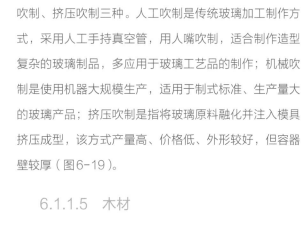

一般作为包装的防振衬板。

　　木塑复合材料是利用聚乙烯、聚丙烯和聚氯乙烯等代替常用的树脂胶黏剂，与50%以上的木粉、稻壳、秸秆等植物纤维混合而成的木质材料，主要用于家具、建材、物流包装等行业，具有良好的易加工性、高强度性、耐腐蚀性、可塑性等特点（图6-21）。

　　以上介绍的是包装设计中最常用的几种材料，此外还有陶瓷、石材、织物、皮革等材料也经常被应用于包装设计中。

图 6-21　PURE PERSIAN 蜂蜜包装 | 伊朗

◎ 6.1.2　包装材料的选择

包装材料作为商品包装的物质基础，是包装设计的重要组成部分。随着科学技术的发展，包装的材料与技术也在不断革新，使包装形态千变万化。由于包装材料质地的差异会造成审美视感的不同，所以需要我们正确认识。包装材料的恰当运用不仅能够强化包装设计的效果，也能很好地体现包装商品的内涵品质。选择包装材料时要注意以下原则。

6.1.2.1　符合性原则

包装材料应根据商品属性来选择，也就是说通过包装材料消费者也可以感受到商品的信息。同时我们还要注意商品隐形符号特征的体现，如食品类包装多用纸质、玻璃、塑料等材料进行包装，体现食品的质量和口感，一般不会采用金属材料包装，因为金属很难给人以温暖和口感的视觉感受。

如 Boon Bariq 果酱包装（图6-22）与市场上其他流行的食品包装设计明显不同，罐体外侧是带有印刷图案的塑料包装，凭借其设计和多彩的外观，以及塑料材质的触感传递给消费者天然、保鲜、高水果成分的产品特性，使该产品在同类产品中脱颖而出。包装顶部的穿孔部分可以使消费者在不破坏整个包装的情况下打开罐子，同时黑色盖子上的彩色标识用罐中产品的相应水果颜色着色，整个包装形式新颖、设计独特，给消费者留下深刻印象。

6.1.2.2　功能性原则

商品包装一般分为三个层次，即个包装、中包装、大包装。个包装是指直接接触到商品的包装，在材料上一般选择具有柔软性能的材料；中包装是指对数个个包装的组合包装，材料上要考虑到防震、安全、保护、印

图 6-22　Boon Bariq 果酱包装 | 亚美尼亚

刷等特性；大包装是指在运输过程中对于商品的外包装，一般采用防震、抗压性能较好的材料，如瓦楞纸、胶合板等材料。例如LEGEND OF COLUMB咖啡包装（图6-23）采用质地柔软、防潮、防震的塑料材质，不仅可以有效保护产品的品质，还可以提高产品在运输、售卖环节的安全可靠性。

图 6-23　LEGEND OF COLUMB 咖啡
包装 | 波兰

6.1.2.3　经济性原则

在包装材料的选择上还要注意包装材料的经济性，是否符合商品成本造价的要求，是否符合商品消费档次，避免过度包装、功利性包装。例如Bce Cbou农产品包装（图6-24）在材质选择上区别于其他同类产品，采用经济低廉的纸张印刷结合特殊结构方式，给人眼前一亮的感觉，同时通过材质上的变化，大大降低商品包装的成本。

6.1.2.4　储运原则

包装材料的选择应充分考虑到商品的流通条件、储运方式，包括气候、人工、运输、碰撞等因素。

例如Aioebi礼品活虾包装（图6-25）用粘贴纸板作为盒体，结合烫金、印刷、裱糊等工艺，套盖的形式可以适用于多种产品的包装，为了保持虾的新鲜与成活，

图 6-24　Bce Cbou 农产品包装 | 乌克兰

图 6-25　Aioebi 礼品活虾包装丨日本

在盒内还铺满了锯末。盒体与纸张印刷工艺相结合，插图采用日式浮世绘的形式准确地传达出产品的地域特色。

◎ 6.1.3　包装材料的发展趋势

包装材料，尤其是新材料凝聚了科学技术的因素。随着科技的进步，目前包装材料的选择更注重科技性，更注重安全可靠性，更注重有益健康和无公害，更充分考虑环保、回收再利用等方面的因素。面对资源消耗和环境破坏的严重问题，对包装材料提出了新的要求与规范，如以前包装设计中，大规模使用无法降解的塑料制品，给人们的生存环境带来了很大的挑战，如今可回收利用的环保型材料越来越受到人们的重视，更多食品包装使用环保可降解的纸质材料替代玻璃、金属材料等，大大节省了包装成本，同时又很好地保持了产品的品质和特征，并具备了时代美感。例如COCO鲜花包装（图6-26）采用可降解的纸张代替了塑料材质，既突出了产品的特性，又降低了包装的成本。

　　设计师在进行包装设计时要进行合理的定位，尽量采用高性能包装材料和高技术，减少包装用料，提高包装的回收重复利用率，注重生态保护，使产品包装、人、环境形成和谐的循环关系。例如ALaNut是一款从椰子壳中提取天然植物纤维制作的系列食品包装袋（图6-27），不但经济环保，而且具有很好的可持续性。该产品旨在推动无塑料运动，改善人类居住环境的塑料污染，这种采用天然植物纤维材料制作包装的方法，成为现代包装设计发展的趋势。

图 6-26　COCO 鲜花包装丨亚美尼亚

图 6-27　AlaNut 系列食品椰子纤维材质包装丨新加坡

6.2 包装印刷与工艺

包装印刷是指将设计完成的包装设计方案通过现代印刷技术印刷在包装材料上，通过印刷可以有效提高商品的附加值，增强商品的市场竞争力。

◎ 6.2.1　包装印刷制作流程

包装的印刷需要按照一定的流程来进行，以纸盒包装为例，其基本步骤可以概括为：设计文件的输出→打样→签字→制版→印刷→后期工艺→折叠成型。

（1）设计文件输出

设计文件输出是设计师对包装设计进行视觉整合后将设计文件以适合印刷制作的格式输出。首先，确保文件为矢量文件，其格式可以是PDF或AI文件；其次，设计文件中的文字已经进行转曲或者轮廓化填充，防止在后续印刷制作过程中因为字体的缺失而影响印刷制作效果；再次，图片链接保存路径完整或图片已经嵌入矢量文件中；最后，核对文件的出血设置。

（2）打样

打样分为软打样和硬打样，其中软打样是指以电子文件的形式呈现，设计师或甲方以电子文件为准进行信息的核准；硬打样主要是指采用数码印刷、打印喷绘等形式将电子文件按照实际尺寸进行纸质打印，并折叠成包装实物的形式，优点在于可以比较形象地将包装的形式结构展示出来，缺点在于印刷的工艺、色彩会存在一定的偏差。

（3）签字

打样完成后甲方同意印刷并在打样稿上进行签字，

随后一并将签字的打印稿交付印刷厂，以便印刷厂按照此标准进行制作。

（4）制版

制版指将输出的电子文件经过电子分色系统进行分色，并将C、M、Y、K四色版进行分版制作。不同的印刷方式其印版的制作是有区别的，现代印刷中大多使用塑料版、橡胶版、金属版，通过感光腐蚀的原理进行制作。

（5）印刷

印刷是将制作完成的印刷版通过印刷机进行印刷的过程。印刷前将印刷纸张按照印刷规格的要求进行裁切，然后通过自动传送装置将纸张依次送入不同的滚筒，经过一系列的印刷风干之后纸张便印刷完毕。

（6）后期工艺

后期工艺指在印刷完毕的纸张上进行上光、UV、镂空、镀金、镀银、覆膜等后期工艺，使包装纸张更具有立体层次感。

（7）折叠成型

折叠成型指印刷及后期加工完毕的纸张，经过机械或人工折叠、粘贴、装裱成包装设计所需要的形式。

◎ 6.2.2 包装印刷类型

6.2.2.1 平版印刷

平版印刷又称胶版印刷，是从早期石版印刷的技术上演变而来，通过油墨与水分离的原理进行印刷制作，如图6-28所示。平版印刷最大的特点在于印版中需要印刷部分与非印刷部分没有高低差别。在印刷时，通过印刷机装置向事先制作好的印刷金属印刷版喷淋药水，形成感光区域与无感光区域的差别，感光区域为就是需要印刷的图文部分，无感光区域即为空白部分。印刷时，

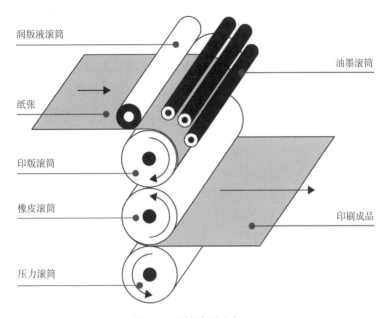

润版液滚筒

油墨滚筒

纸张

印版滚筒

橡皮滚筒

印刷成品

压力滚筒

图 6-28 平版印刷示意

将印版弯曲成筒状，并固定于印版滚筒，后通过给非印刷部分供水，从而确保该部分在印刷时与油墨隔离，然后向印版中的图文部分供墨，之后将印版上的油墨以反向的形式转移到橡皮滚筒上，再利用压力装置将橡皮滚筒上的油墨以正向的形式转印到纸张上来，由此可见平版印刷属于一种间接性的印刷方式。平版印刷相较于其他印刷方式成本低廉、套版准确，适于大批量印刷，成为现代主流印刷方式之一。

6.2.2.2 凸版印刷

凸版印刷是指印版中印刷图文部分高于非印刷空白部分的印刷方式，在印刷时通过墨辊将油墨转移到印版凸起的图文部分，然后覆盖印刷材料并施加压力，将印版中凸起油墨部分转印到承印物上，如图6-29所示。由于印版上的图文内容部分凸出于空白部分，因此，凸版印刷在压力的作用下，墨辊上的油墨只能转移到印版的凸起部分，而非图文部分则没有油墨的供给。凸版印刷作为直接印刷的方式多为印版与承印物直接接触印刷，

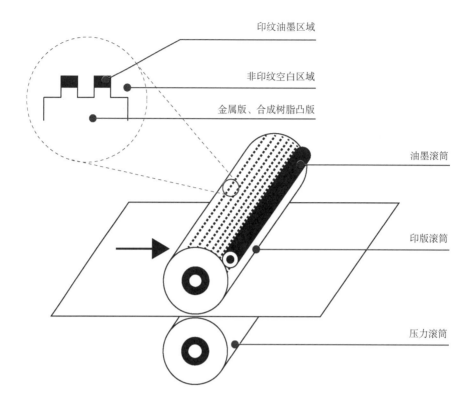

印纹油墨区域

非印纹空白区域

金属版、合成树脂凸版

油墨滚筒

印版滚筒

压力滚筒

图 6-29　凸版印刷示意

需要印版与压力装置共同作用才能实现墨色浓厚、网点
均匀、耐印率好等效果。

6.2.2.3　凹版印刷

　　凹版印刷在工作原理上与凸版印刷相反，即印版中
的印刷图文部分呈现凹入状态，而空白部分仍然保持原
来的平面，如图6-30所示。在印刷时，印版中图文部
分通过印刷机的给墨装置，将印版中凹入的部分注入油
墨，然后在印刷滚筒的压力作用下，将油墨层转移到承
印物的表面。凹版印刷以其印刷效果墨色厚实、饱和度
高、耐印率高、品质稳定等优点在图文出版领域占据极
其重要的地位。

6.2.2.4　丝网印刷

　　丝网印刷俗称孔版印刷，属于滤过版印刷的典型，

利用油墨滤过丝网的原理进行印刷，如图6-31所示。印刷时，利用感光制版的方法制作丝网版，然后在丝网版的一端注入油墨，使用刮板按照一定的方向匀速施加压力，在刮板的压力作用下，油墨通过丝网版中图文部分的网孔被挤压到承印物表面，非图文部分在化学乳剂

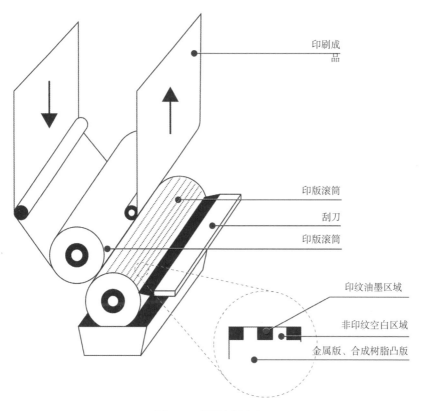

印刷成品

印版滚筒
刮刀
印版滚筒

印纹油墨区域

非印纹空白区域

金属版、合成树脂凸版

图 6-30　凹版印刷示意

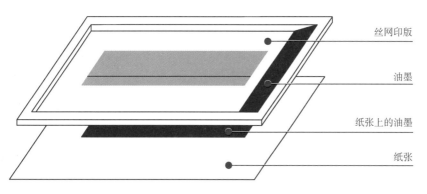

丝网印版

油墨

纸张上的油墨

纸张

图 6-31　丝网印刷示意

的作用下则不会渗透油墨。

丝网印刷的网版多采用木材质或金属材质制作成方形框体，将绢丝四周固定在框体上，然后在固定好的绢丝表面涂布感光乳剂来显影设计图形，油墨经过被显影而露出图形后即可转印到承印物上。丝网网目的大小依靠丝网版材质的粗细来调整，材质越粗表示印墨越厚，材质越细代表印墨越少，材质的粗细及疏密会影响载体上油墨的厚度与精细度。丝网印刷在包装上应用较多，具有制版快速方便、成本低廉、墨层覆盖力强、印品性能稳定等特点，目前市场上很多立体式的包装大多是通过丝网印刷制作而成。

◎ 6.2.3　包装印刷后期工艺

6.2.3.1　上光

上光是针对纸张材质包装而言，主要是指在印刷完成的纸张上加印一层透明有光泽的油性墨层，自然干燥后可以使印刷效果饱和、鲜艳，起到增加印刷油墨光泽度的作用，从物理上形成防水、防磨损、防污染保护层。上光的效果主要分为全面上光、局部上光、亚光上光、光泽上光等。目前应用最多的是水性上光油（图6-32），因为它具备非常好的环保性能。

图 6-32　Most 食品包装（标签文字上光效果）｜巴西

6.2.3.2　UV

UV（Ultraviole）是通过紫外线照射来固化上光涂料的方法，在印刷完毕的纸张表面覆盖特殊的涂层，可以形成亮光、亚光、磨砂、镶嵌晶体、金葱粉等多种效果。UV多用于纸质包装的印刷，主要突出墨色的光泽度与包装艺术效果，保护纸张印刷表面，具有硬度较好、耐腐蚀摩擦、不易出现划痕等特点，局部UV的墨层有明显的凹凸感，给人以特别的视觉感受（图6-33）。

图 6-33　Muscat Limnio 酒包装（标签文字 UV 效果）｜意大利

6.2.3.3 覆膜

覆膜又称过胶、过塑、裱胶、贴膜，是指纸张印刷完成后在覆膜机高温压力的作用下，使纸张表面附着一层薄膜的工艺（图6-34）。覆膜工艺主要分为光膜和亚光膜两种，前者色泽亮丽、有一定的反光，后者雅致没有反光。覆膜工艺主要对包装有装饰和保护的作用。表面凹凸不平的纸张不适合覆膜。

图 6-34　Garofalo 食品包装（纸张印刷覆膜效果）丨意大利

图 6-35　Filpucci 礼品包装（模切效果）丨意大利

6.2.3.4 模切、压痕（模压）

模切是指根据设计要求通过模切刀把纸张切割成异型或"镂空"的工艺，使印刷纸张的形状不再局限于直线边、角（图6-35）。压痕是指利用压线刀或压线模，通过压力的作用在纸张上压出线痕，以便包装纸张能按照预定位置进行弯折成型。通常模切、压痕工艺是把模切刀和压线刀组合在同一个模板内，在模切机上同时进行模切和压痕加工的工艺，简称模压。

6.2.3.5 烫箔

烫箔又称电化铝烫印，是指通过热压转印的原理，

将电化铝中的铝层通过铜版转印到印刷纸张表面以形成
特殊的金属效果（图6-36）。烫箔是一种工艺的统称，
根据烫箔电化铝箔材料的不同，有金色、银色、黑色、
彩金、激光等多种颜色效果可以选择。

6.2.3.6　压凹、起凸

压凹、起凸又称压印，是指不用印墨，仅凭压力使
纸张局部形成图形的工艺（图6-37）。压凹是利用凹模
版通过压力作用，将纸张表面压印成具有凹陷触感的图
形；起凸则利用凸模版通过压力作用，在纸张上形成凸
出触感的立体浮雕图文加工方法。

6.2.3.7　裱糊

裱糊是指将多层卡纸或板纸裱糊在一起的工艺，多
用于精装纸质礼品盒的制作，具有韧性好、强度高、手
感佳的特点，经常结合模切、圆角、压痕等工艺使用，
还可以配以各种材料作附件。

6.2.3.8　裁切

裁切是指包装设计在印刷完毕后使用专业的裁切机，
对印刷品多余的出血或不整齐部分进行裁切，确保包装
尺寸大小的一致。

图 6-36　FURO 酒包装（纸张烫金效果）｜西班牙

图 6-37　Cantina Pizzolato 酒包装（标签文字压
印效果）｜意大利

6.3　案例分析

◎ 6.3.1　thesauri 鱼子酱包装设计

设计：Dimitra Karatsolia LASERHELLAS

完成时间：2019 年

该鱼子酱产自希腊阿尔塔的 Thesauri，它是世界上少数几家从事鲟鱼养殖和鱼子酱生产的公司。在鱼子酱产品的包装设计上采用现代简洁的形式，由外部黑色特种纸制作的十字形把手与内部包装盒组成（图6-38）。内部包装盒采用粘贴的形式进行制作，盒体内部为金属盒与食用工具的组合。在印刷制作上采用了镂空、烫印、模切、裱糊等后期工艺，为产品打造了富有肌理感的包装形式。

图 6-38　thesauri 鱼子酱包装 | 希腊

◎ 6.3.2　KEKAVA 食品包装设计

设计：CRITICAL Design Agency

完成时间：2016 年

　　肉制品包装往往采用塑料真空技术并与印刷技术相结合，以突出产品的属性特征为出发点。KEKAVA 肉制品包装在技术上采用真空技术，以确保肉制品在运输、展示陈列时的质量安全（图6-39）。在视觉设计上搭配个性鲜明的现代插画并与高饱和度的色彩相结合，将产品的特征以诙谐幽默的形式呈现出来。包装的下半部采用真空透明技术，使受众可以清晰、直接地看到产品真实的样子。在创意上通过卡通式的语言将产品予以区分，给每只鸡都设计上个性鲜明的"皇冠"，而这三个皇冠分别由芒果、迷迭香、橙子组成，象征肉制品的不同口味，形成强烈的视觉辨识度，从而实现与其他产品在视觉上的差异。

图 6-39　KEKAVA 食品包装设计 | 立陶宛

思考题

◎ 包装设计材料主要有哪些，并阐述各自的特点。

◎ 印刷用包装纸主要有那些，并阐述各自的特点。

◎ 包装印刷的类型及特点是什么？

◎ 包装设计印刷后期工艺有哪些，并阐述各自的特点。

>>> 参考文献 <<<

[1] 何洁. 现代包装设计 [M]. 北京：清华大学出版社，2018.

[2] 高中羽. 包装设计 [M]. 哈尔滨：黑龙江美术出版社，1996.

[3] 吕敬人. 书艺问道 [M]. 上海：上海人民美术出版社，2017.

[4] 克里斯·黄. 极简包装 [M]. 郭庚训，译. 桂林：广西师范大学出版社，2019.

[5] 原研哉. 设计中的设计 [M]. 济南：山东人民出版社，2005.

[6] 善本出版有限公司. 创意包装：设计＋结构＋模板 [M]. 北京：人民邮电出版社，2021.

[7] 王可，张丽. 纸包装结构设计 [M]. 北京：中国轻工业出版社，2020.

[8] 木村刚. 日本纸盒包装创意设计 [M]. 孙琳，译. 北京：文化发展出版社，2013.

[9] 李砚祖. 艺术设计概论 [M]. 武汉：湖北美术出版社，2009.

[10] 陈磊. 包装设计 [M]. 北京：中国青年出版社，2006.

[11] 刘国靖. 中国包装标准目录 [M]. 北京：中国标准出版社，2004.

[12] 王受之. 世界现代平面设计史 [M]. 深圳：新世纪出版社，1998.